歐陽靖・味覺與記憶

Gin Oy
歐陽靖——著

時報出版

歐陽靖的照片記事

Gin Oy: Fragments of Life

童年與青春的味覺記憶

1983……2011

出生隔年和媽媽一起
拍攝《嬰兒與母親》的封面。

童年時期和媽媽的合照。
照片中巨大的聖伯納是我兒時的玩伴，
那時家中養了很多流浪狗。

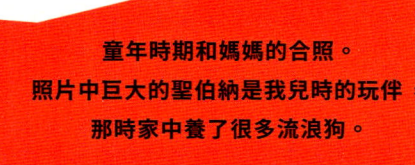

小時候家裡養過各種動物，包括蛇，
那時媽媽很愛炒絲瓜，
記憶中她充滿著絲瓜的味道。

小時候和爸爸一起到合歡山遊玩，
而檳榔氣味總會讓我回憶起父親。

因爲愛吃美食，
我從小學三年級開始發胖到國中三年級，
很不快樂，
旁邊是後來瘦下來的樣子。

憂鬱症爆發之後，
我好長一段時間再也嚐不到食物的味道，
然後在不知不覺間，厭食症就找上我了。

剛出社會時我在餐廳打工，
當時日系少女雜誌的模特兒造型祕訣：
戴假髮。

除了當服務生也兼職模特兒，
過著泡夜店、live house、搖滾樂、
香菸、啤酒與說幹話的日子。

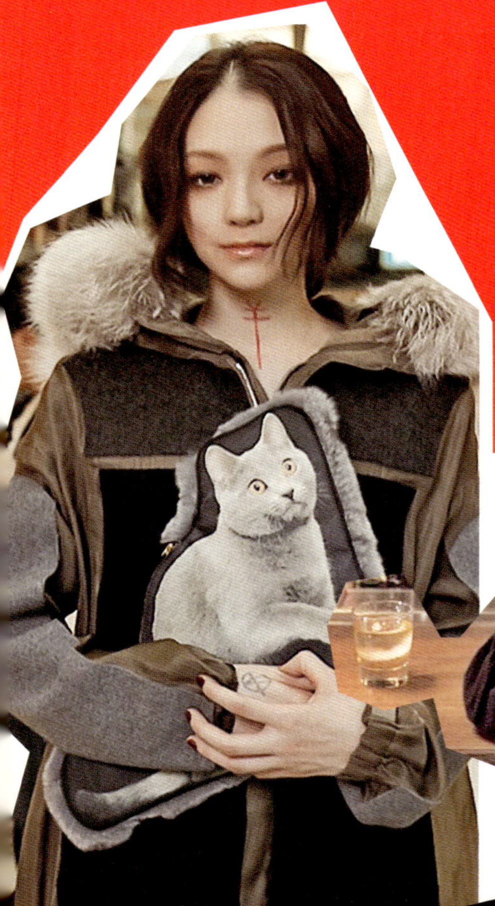

擔任模特兒時期的樣子。
我很喜歡日本動漫和次文化，
因爲他們懂得擁抱自己的「怪」。

馬拉松賽道上的味覺記憶

2012……2017

紐約馬拉松一點都不好跑，
42.195 公里跑遍紐約五大區，
不斷地上橋、下橋、上橋、下橋。

我到夏威夷跑過兩次馬拉松，
一次半馬、一次全馬，
我很喜歡夏威夷的食物。

東京馬拉松改變我的人生，
我認識了東京路跑團體的日本朋友們，
也結識了前夫……

我來到美國的奧勒岡州
跑 Hood to Coast，
要從雪山起跑點跑到海灘。

人生至今跑過的最後一場全程馬拉松，
是二〇一七年柏林馬拉松。

跑完關島馬拉松，
隔天我體驗了
高度一萬四千英尺的高空跳傘。

旅日時期的味覺記憶

2015……2020

在日本生活不同時期的樣子，
其中有不少是前夫拍的照片。

在日本辦結婚登記
居然要花上三個半小時，
事前還做了許多準備，
其實已經累到笑不出來了。

和前夫在東京生活，
會在家料理也會出門吃美食，
恬淡、步調慢、一切簡簡單單。

登上日本最高峰後，
我買了碗「要價不菲」的日清杯麵，
味道跟便利商店賣的一模一樣……

住在日本的生活脫離不了酒精，
上酒吧也會喝各種「チューハイ」罐裝調酒，
簡稱「各種嗨」。

世界的味覺記憶

2014……2019

港式食物非常合我的胃口，
父親是香港人，
所以小時候對於飲茶文化很熟悉。

造訪德勒斯登的「茨溫格宮」的留影，
我非常喜歡德國的啤酒和酸菜的味道。

唯一一次在韓國跨年，
什麼地方都沒去、什麼都沒看到，
但好險有喝到讓我回味多年的雞湯。

在澳洲墨爾本遊學，
喝到喜歡的葡萄琴酒，
剛好我的英文名字也叫Gin。

那幾年，
我和從事攝影工作的前夫去過許多地方拍攝，
也吃了很多特別的地方食物。

新生活與新生命的味覺記憶
2020……

二〇二〇年三月，疫情蔓延，
東京奧運延期了，
我決定回台灣生產。

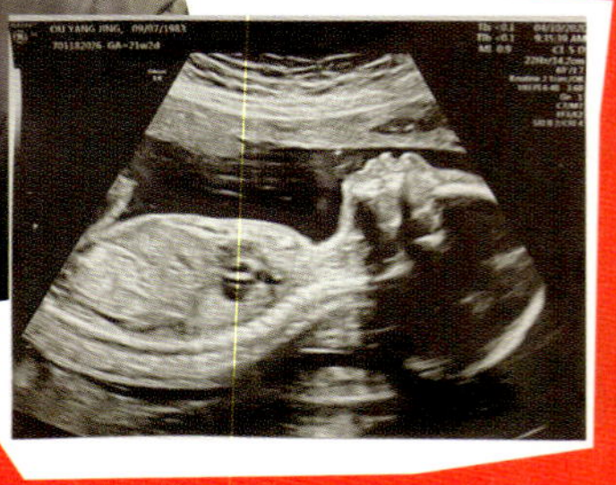

新醬的產檢超音波檢查，
照完後，執業數十年的老醫師說：
「他已經長好了。」

懷孕後期，我的肚子奇大無比，
側腹下的兩顆星星，一大一小，
代表曾經來鼓勵過我的兩個孩子。

敬我生命中的100種味道

目次

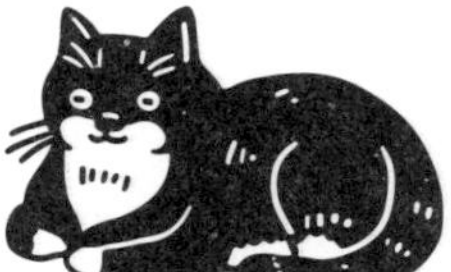

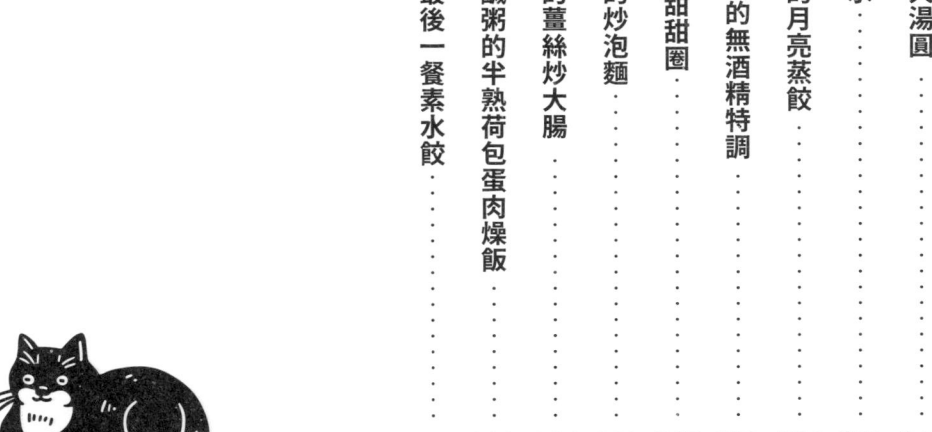

序

「這種感覺又來了……」

即便已經有從重度憂鬱症走出來的經驗，懷孕即單親的我依然經歷了一場嚴重的產後憂鬱，大約有四年的時間都深陷在某種自怨自艾的思考模式。更強烈的情緒是自責，我怪罪自己既不能給孩子一個完整的家庭，也獨自負擔了沉重的經濟與生活壓力。直到孩子滿四歲的同時，我生了一場病，身體的痛苦令我絕望，甚至回想起生命中的種種往事……我終於崩潰而嚎啕大哭，才發覺自己這些年從來沒有靜下心、好好回顧過去的人生。

若要說對我生命影響最大的關卡，應該是青春歲月有好長一段時間受厭食症所苦，那時我嚐不出任何美味，只覺得吃進每一口食物都是罪惡與懊悔。

「我很醜很胖，我沒有資格吃東西。」

「我很沒用，我沒有資格爲了活下去吃東西。」

直到憂鬱症痊癒那天，我才發覺自己終於能嚐出味覺——那是我第一次深切感受到活著的美好。

「媽媽，我終於能餓了就吃，也能嚐到食物的味道。」

當時我對母親這樣說。再普通也不過的感官，卻是我好多年沒有經歷過的幸福。無論美味或無味，都是活著才能感受的滋味。味覺是最敏銳、最直觀的五感之一，這也是爲什麼味覺記憶對我來說非常非常重要。

在專業心理諮商中有一個引導方式，是利用聽覺例如音樂，或是視覺例如老照片，帶領人以五感回溯過去的經歷，進而理解自己的創傷、甚至是愉悅的記憶，這方式對於改善憂鬱與失智都很有成效。

於是我下定決心開始著手撰寫回憶錄，而以五感中的「味覺」作爲鑰匙。從二〇二四年十月開始，持續在自己的社群網路上不間斷地分享一百篇故事，述說我生命中的一百道料理，因爲料理是我人生中最直覺的記憶。這一百篇故事不是食記、不是美食資訊，而是一百篇關於歐陽靖的靈魂章節。

在撰文當下我跳脫出媽媽身分、卸下所有面對現實的壓力，我只想細細品味自己的歡笑與痛楚。人生進入下半場，而前半生的許多細節已隨時間淡忘，我卻永遠能藉著一道菜、一碗湯，回憶起當下的喜怒哀樂。

我把這系列文章定題爲「靖我生命中的一百種味道」，諧音象徵「敬生命」，向自己的過去舉杯致敬，乾杯！全文在二〇二五年的三月結束連載，記錄了我三十七歲之前的人生種種。

這一百篇文章完成之後的確有種豁然開朗的感覺，我理解到過去的一切都是爲了成就現在的自己，而我無愧於媽媽這個身分。未來的人生將有新的篇章、新的五感，孩子之所以來到這個世界、之所以選擇我作爲他的母親，也是爲了體驗人間的酸甜苦辣鹹鮮。

大家都喜歡好吃的東西，但每個人也都嚐過不好的滋味，只吃過美食算不上老饕，就跟走路會跌跤一樣，很正常，生命也是，跌跌撞撞過來的才是勇士。我寫了這系列文章，也是希望能傳達自我療癒的一種方式，每個人都可以這樣做，以一個五感作爲契機，把過去重新活過一次。

味覺與記憶曾經帶給我痛處，但也滋養了我。雖不知道該歸類爲自傳還是食記，但這一百道料理是我的生命故事，請細細品嚐。

輯一、童年與青春的味覺記憶

第1道 媽媽的炒絲瓜

上了菜，我夾了一口絲瓜放進嘴裡，表現得毫無猶豫。
但令人意外的是……什麼？怎麼會如此甜脆？
跟我記憶中的絲瓜是完全不一樣的味道？
不到兩分鐘，我吃完了整盤絲瓜，反而留下最愛的蛤蠣。

有一些令人厭惡的氣味，到了某個年紀後卻突然變得可以接受，就像我童年時的窮困記憶一樣，那種青臭又貧瘠的負面感官，我長大後卻有能力吞下它，甚至消化它、愛它。

三十幾年前住在台北縣的山區，那是家裡經濟狀況最糟糕的時候，養了一大堆流浪狗，無盡頭的飼料費、醫藥費支出，人生只是賴活著，看不到未來。我總覺得自己在這個世界是多餘的。在學校被同學排擠，一個人躲在牆角吃飯。即使在外過得精神緊繃，我還是害怕回到家後，整個空間所散發出的一種味道：絲瓜味。

絲瓜是我們家自己種的，又粗又臭，茹素的媽媽爲了節省開銷每天都吃，但它難吃到讓我爲了這道菜想逃家。她會把採收絲瓜後的藤蔓剪斷，然後在底下綁一個小瓶子接「絲瓜水」，說那是天然化妝水、保養聖品，於是我的媽媽充滿了絲瓜的味道，我只要看到她就聯想到綠色的絲瓜。

某天我鼓起勇氣直接告訴媽媽：「我討厭絲瓜！」

然後媽媽就再也不炒這道菜給我吃了，雖然當下獲得解脫，但每每看到蓬頭垢面的母親在採收著絲瓜、自己一個人炒來吃的身影，我的心中總湧現出巨大的愧疚感。

・・・

心理學有一種名詞叫做「解離性人格」，當我在進入某種情緒時，我會抽離當下的身分成爲另一個人。啟動第二人格等於啟動了我的保護機制，我帶著截然不同的兩種記憶安然長大，沒有在成長途中折斷自己的羽翼。

成年後我創造出另一個身分，她是一個有個性、正向、打扮有點中性的女生。她的童年沒有絲瓜青臭味，而是個生活富足、見多識廣的星二代。

・・・

約莫二十歲，那時已經出社會，生活的重心再也不是家庭，而是獲得同儕間的認同。有一天下班後跟同事來到杭州南路吃小籠包，當時座位在街邊，人車熙來攘往有點吵雜。

同事大聲地問：「妳要不要吃蛤蠣絲瓜？」

什麼？絲瓜？我好久沒吃過這個可怕的東西了！但此時，心中突然出現另一個人格對著我耳語：「妳的童年沒有絲瓜青臭味喔！」

「我最喜歡吃絲瓜了！」我說著，同事也流露出開心的微笑。

上了菜，我夾了一口絲瓜放進嘴裡，表現得毫無猶豫。但令人意外的是……什麼？怎麼會如此甜脆？跟我記憶中的絲瓜是完全不一樣的味道？不到兩分鐘，我吃完了整盤絲瓜，反而留下最愛的蛤蠣。

同事：「妳眞的很喜歡吃絲瓜耶！」

我：「是啊，小時候管家阿姨都會炒給我吃！」我又在說謊了。

我是誰？我眞正的童年是什麼？但我從此再也不害怕絲瓜的味道了。

．．．

沒多久之後，我進入重鬱症的階段，解離越來越嚴重，大小姐的人設也被踢爆而完全崩壞。同事、朋友知道我是個慣性說謊的人，大家遠離我、罵我、再也不相信我，我躲回陰暗的角落吃著飯，像小時候一樣。

某天酗酒的我喝得醉醺醺，走進屈臣氏，買了一瓶號稱是天然絲瓜水的化妝水往臉上擦……

「這不是眞的絲瓜水，是加工的。」我立刻就知道了，還笑了出來。

兒時記憶中的絲瓜青臭味卻已經完全消失，我非常享受於這個虛假的香氣。現在我很喜歡絲瓜，到底是小時候家中種的絲瓜特別不好吃，還是我變了？這已經不可考。

味覺跟嗅覺是眞實的嗎？即使已經過了三十年，現在的我只要看到絲瓜，還是會想起這些往事。

第2道

家鄉的味道

當時閃過腦中的畫面，
就是爸爸跟我兩個人坐在深坑大樹下的小吃攤板凳上，
一邊扒飯、一邊談笑的畫面……
秋風瑟瑟，爸爸滿嘴檳榔渣的氣味隨之吹來。

什麼是「家鄉的味道」？身爲所謂的在台香港人第二代，從小就不了解自己的出生地，課本上的歷史是中原，健康檢查表上的籍貫是廣東省……台灣的味道是什麼？

父親家族聚餐一定是千篇一律的鑽石樓港式飲茶，節儉的爺爺會先點一大堆叉燒包把所有親戚塞飽，然後再問：「仲要唔好食咩？」

當時爲了追加愛吃的東西，不懂廣東話的我居然學會大喊：「嗌蝦餃！」

我愛蝦餃、廣東炒麵，但對飲茶這件事的印象實在不是很好……一桌十幾個人堅持只點港點不點大菜，服務生阿姨的態度也好不到哪裡去。

我媽媽沒有手路菜，她在眷村長大、跟著長輩吃飯，並不習慣台式料理的調味與食材。她很早開始茹素，吃的都是沒味道的炒青菜、罐頭，知足善良的她覺得能溫飽、不傷害小生命就好。

「如果能有一顆膠囊吞下去就不用吃飯，那該有多方便？」這是母親常說的一句話。

我就是在這樣一個沒什麼「味覺」的環境長大的。

與其問什麼是家鄉的味道，不如問什麼是家鄉。我的家鄉在哪裡？

我最有印象的成長地是台北縣的石碇鄉跟深坑鄉，我在那裡度過了一個有點晦暗的童年。對同學來說我是個受師長偏袒對待的明星之女，欺負我是他們能討伐體制最直接的方式，而我也逐漸習慣、甚至包容他們的恨意。我確定父母不知道我經歷了什麼，因爲我將成長過程中所有的心事都默默壓縮了起來，唯有深坑老街的小吃是照耀我生命的一道光。

爸爸因病無法工作，卻也比較有時間陪伴我。精通國語、廣東話、台語的他很喜歡台灣料理，偶爾會帶我去深坑的小吃店吃飯，我最愛大火熱炒充滿鑊香氣的蛋炒飯，材料只有米飯、醬油、胡椒、蛋，卻是小家庭無法複製的美味。

某天他帶我來到深坑老街，那天的情境很特別，爸爸點了不一樣的東西，不是我愛的炒飯，而是一種叫做「滷肉飯」的料理，當時一口吃下去，我的震驚度可比五雷轟頂……

「世界上怎麼會有這麼好吃的東西！」

於是，就在那一天的那一刻，我的食慾被打開了，我成爲了一個懂得用美食慰藉悲傷的孩子，味覺的滿足是我最大的救贖。然後我越吃越胖、越吃越胖、越吃越胖……因爲對滷肉飯的著迷，一瞬間從營養不良的瘦弱小女孩，成爲全班最胖的小胖妹。嚴格說來我還是不快樂的，但在咀嚼著甜潤油脂的那個當下，我的童年是幸福的。

・・・

小學五年級，我家近乎破產了，一個冬日午後，爸爸往生了。

媽媽叫我站在爸爸的大體旁合掌念佛號，她趕著去報警跟處理後續，我雖然因爲懷念他的種種而哭泣，但心中想的是：我的未來應該會有所改變吧？

當時閃過腦中的畫面，就是爸爸跟我兩個人坐在深坑大樹下的小吃攤板凳上，一邊扒飯、一邊談笑的畫面……秋風瑟瑟，爸爸滿嘴檳榔渣的氣味隨之吹來。

之後我跟媽媽搬到台北市的外婆家，親戚問我：「妳喜歡吃什麼？」

我說：「滷肉飯！」

親戚點點頭，開心地帶我去吃鬍鬚張，我覺得好吃，但不是那個味道，不是。

第3道 深坑老街滷肉飯

台北有名的店家都吃過了，
味覺記憶就是差這麼一點點：
不夠油、太油、不夠甜、太鹹……
朋友告知想吃厲害的滷肉飯要到南部，
而且在南部這個東西叫「肉燥飯」。

得知我以前住在觀光區深坑附近，總會有人問我：「深坑老街眞正的老店是哪家？」老實說，我不知道。小時候最期待的就是《YOUNG GUNS》漫畫出版時，我會去那邊的柑仔店看漫畫、買金手指雪糕。除了氣根攀附在磚瓦牆上的一棵老榕樹之外，我對其他店家都毫無印象，而深坑有名的豆腐其實是從石碇送來的。

跟爸爸一起去吃的滷肉飯是哪家？我也不知道，小吃攤應該連店名都沒有。我很確定是看來肥瘦相間、像一條條迷你小控肉那樣的滷肉……所以父親往生、搬到台北市之後，親戚帶我去吃鬍鬚張的碎肉式滷肉飯，口感眞的不一樣。但我卻沒有積極在尋找童年時的味道……因爲只要偶爾想起那個對我來說，唯一算是「家鄉味」的東西，我的人格就又解離出來了。

「妳會覺得美味只是因爲妳當時沒吃過更好吃的東西！」我的另一個人格這樣告誡我。

二十幾歲時我交往了一些出生老錢家庭的富二代朋友，他們懂吃也愛吃，某天在居酒屋喝完酒，大伙兒相約去南京三民的「司機俱樂部」吃宵夜，每個人都點了招牌滷肉飯、雞滷飯……看到那碗滷肉飯上的小小切丁肥肉，我突然脫口而出：「就是這個。」

「妳來過嗎？」朋友覺得詫異。

「不是啦，我小時候很愛吃這樣的滷肉飯。」

酒醉的朋友：「哈哈，妳這種大小姐星二代怎麼會吃平民美食？」

那晚我有點震驚，因爲我從沒想過是在如此不經意的狀態下，與這些油亮的小肥肉見面。

嗨！好久不見。

之後我開始鑽研「滷肉飯」這種東西，台北有名的店家都吃過了，味覺記憶就是差這麼一點點：不夠油、太油、不夠甜、太鹹……朋友告知想吃厲害的滷肉飯要到南部，而且在南部這個東西叫「肉燥飯」。

「或許當初爸爸帶我去深坑老街吃的那間小吃，老闆是南部人？」我心裡這樣想著。

直到我眞正搬來台南後，的確吃到厲害的肉燥飯，那小小肉條肥瘦比例相間、甜潤卻不膩口，膠質黏滿唇齒之間，碗底卻看不到多餘的油脂，跟台北賣的是截然不同等級的美味——但那是我小時候吃到的滷肉飯嗎？不是，當眞正吃到了最頂的，也確認了我小時候那家沒那麼好吃，我當時之所以會覺得驚人美味，只是因爲我沒吃過更好吃的東西。

跟身爲港仔的父親在住了僅五年的地方，吃了一碗不是當地口味的料理，卻是我人生中最重要的回憶之一。很多人吃美食吃的是鄉愁，我沒有鄉，所以沒有愁。

第4道

鄰居家的土窯雞

我用盤子小心翼翼地接過，
還是被些許雞湯噴濺到了身上，
但我完全不在意，
因爲那雞腿肉是我此生吃過最鮮嫩的口感，
薄薄的雞皮鹹香不油膩，而肉質絲毫不柴韌——太好吃了！

我兒時的家在台北縣石碇鄉，是個搭建在茶園地上的鐵皮屋，沒有左鄰右舍，只有再往山上一點的地方有住著一個大家族，其中一位小女兒是我小學同班同學。

話說我們那所國小全校一到六年級不到一百人，屬於資源比較匱乏的次偏鄉學校，城鄉教育落差很大。明明已經進入民國八〇年代，我們直到小學五年級前卻都穿著卡其色制服，當時紅極一時的長壽鄉土劇《愛》還因此來我們學校取景，因爲校園的狀態就如同停留在上一代。紅土操場、講台上的反共標語……教室的圖書架上被放了幾本《六四天安門事件》的書籍，裡頭的照片血淋淋的，對小朋友來說震撼過大，很刻意地傳達著當時的政治正確。但學生塡健康檢查資料時「籍貫」不能寫台灣，一定要寫中國大陸的省分。而在校內說台語會被處罰，必須在胸前掛上「我不說台語」字樣、極具羞辱性的牌子一整天……那個年代就是這麼矛盾。

對班上同學來說，我們家是他們家長口中的「外省豬」，我也因此常被謾罵，其實我都聽得懂。即使被排擠著，我們必須生活在這個地方，才能有一大塊空地，在不影響別人的前提下收容這上百隻流浪動物，直到牠們終老。

我們不常與唯一的鄰居交流，但有一次山上鄰居邀請我們全家去作客，他們烤了土窯雞！土窯雞是什麼？我只有聽過，沒吃過。每天會有一台小貨卡慢慢開過我們家前的產業道路，廣播器中極高亢的嗓音用國、台語雙聲道喊著：「土窯雞！土窯雞！土窯豬腳又勾來囉！」那就是我所認識的「土窯雞」，對於能眞正吃到土窯雞這件事我是很期待的。

抵達鄰居家，那是山間的茶園地鋪水泥改造成的庭院，跟我們家一樣。眼見同班同學的女孩正與她的堂姊妹在打鬧玩樂，她沒有理會我，也沒有來打招呼，這無所謂，因爲我們在班上也從來沒有交談過，她是屬於謾罵我的集團一員。

鄰居領我們到戶外的餐桌椅坐著，頂上還有帳篷、非常舒適。用土搭建的小烤爐，再鋪上柴火高溫烘烤，整個環境香氣四溢，還比烤箱烤雞多了一份煙燻焦香。

「原來土窯雞是這樣做的啊！」我感到驚訝。

鄰居爸爸戴著工作手套隔絕溫度，外頭又再套上一層塑膠手套，當他在餐盤上把外皮酥脆的全雞撥開時，滾燙的湯汁滿溢而出，瞬間整個盤底都是金黃色的濃郁雞精。他拔了一根雞腿給我，我用盤子小心翼翼地接過，還是被些許雞湯噴濺到了身上，但我完全不在意，因爲那雞腿肉是我此生吃過最鮮嫩的口感，薄薄的雞皮鹹香不油膩，而肉質絲毫不柴韌——太好吃了！

「雞一定要這樣『控』才好吃啦！」鄰居爸爸流露出自滿的神情。

他拔下另一隻雞腿，順手給了他們家還是個幼兒的小兒子，然後他又俐落地把雞胸、雞翅等大塊肉分好，大夥兒沒多久就把全雞吃得乾乾淨淨。最後剩下骨架，骨架中能看到一些綁好的蔥、蒜，還有紅棗，原來烤前就是先把這些佐料塞進雞身中，才會如此鮮甜有味！

在用餐的過程中我一直覺得疑惑：爲什麼我同學沒有上桌？她一直在遠處跟她的堂姊妹玩，她們並沒有分到任何食物，而眼前這隻土窯雞已經只剩下骨頭了……

就在此時，她們的爸爸把女孩們喚來，女孩們開心地端走雞架子，然後蹲坐在路邊津津有味地分食骨架上的殘餘肉渣，還有提味用的佐料。畫面讓我覺得有點震驚。那些女孩蓬頭垢面，穿著髒兮兮的拖鞋，像乞丐一樣在遙遠的角落啃著骨頭，而她們連話都還不太會說的小堂弟卻全身新衣，被媽媽抱在懷裡啃雞腿……

我一直凝視著我的同學，一直凝視著：她與姊妹看起來是很滿足的，從頭到尾，她絲毫沒正眼瞧過我。

「有一些重男輕女家庭，女生不能上桌，也不能吃雞腿，但因爲妳是客人所以妳可以吃雞腿……我們看了也覺得不舒服，但那就是人家的家規。」

離開後父母跟我解釋，我才了解原來是這樣。

回到校園後，同學還是在欺負我，但我卻沒那麼氣她了。有時候會在她身上看到傷疤，才知道她與媽媽被家暴。直到我因父親驟逝轉學前那段期間，她才突然每天都改穿新衣上學，原來是因爲她媽媽終於生了一個兒子，在家中的地位大大提升。

那個土窯雞腿的美味，我至今永難忘懷。那個鄉下家庭的男女偏差，我也永難忘懷。

第5道

游泳後的滿漢大餐泡麵

夾起一塊小小的入味牛肉塊，
這種滿足感唯有含軟罐頭的高級泡麵才能做到。
最後將碗底的肉碎、乾香蔥與湯頭一飲而下……
不只身心都被療癒，還有某種鎮定情緒的作用。

石碇鄉有個登山步道，叫皇帝殿，是雪山山脈向北延伸而來的山稜，海拔不高但山形很陡峭。皇帝殿曾有一座游泳池，使用的水源都是天然溪水，完全不含氯、消毒劑。因僅是簡單過濾，水中常見小蟲、落葉、甚至小魚屍體，水溫也非常冰冷，對初學者來說在這裡練泳難度不小。

動過膝蓋切除手術的父親平常必須拄拐杖行走，他在水中卻是悠游自如的自由潛水高手，我們幾乎每週都來玩，但他始終沒教會我游泳。

某日，年幼的我坐在泳池岸邊用腳踢水，我愉快地哼著歌，屁股下墊著浮板。小小的身軀扭動著，突然間浮板滑落水中，我也就這麼掉進水底了！那幾秒鐘之間，我感受到自己垂直往下墜落，能看到口中吐出的泡泡向光源處緩緩漂去，離我越來越遠。意識直接跳過了恐慌這個階段，只有寧靜的無助……四肢軟綿綿地，逐漸遁入絕望。

「完蛋了。」我在心中對自己說著。

死亡是什麼呢？才幾歲的小孩，根本還沒好好活過，自然也不會有遺憾。眼前沒出現人生跑馬燈，只有游過我身邊的鐵線寄生蟲、植物碎屑，還有越來越多的泡泡……泡泡……泡泡……嘩！突然間一股強大的力量把我拉到水面上！是父親的臂膀，他的動作快到我連嗆水都來不及！

回過神後我坐在岸邊，母親替我圍上了毛巾。當下的情緒其實不能說「驚魂未定」，因為我沒感受到什麼慌亂，一切都很平靜。

「看吧，妳會游泳了吧！」父母劈頭這一句話令我錯愕。

「蛤？什麼？」

「妳剛剛掉下去，妳爸故意不去救妳，然後妳自己游出水面了啊！」

「什麼？」

我根本沒有自己游出水面的記憶啊！我明明就是不停地往下墜落……不是嗎？

父母並沒有關心我是否受到驚嚇，他們的語氣也不像在撒謊，但就在這樣的斯巴達式教育之下，我莫名其妙地學會了游泳，至今還是不知道為什麼。

鐵線蟲身形細長，就像一條會蠕動的鐵絲，在自然溪水中很常見到，雖然只寄生在昆蟲與水生動物中、不寄生人畜，但平常看起來也滿嚇人的。溺水時就是牠陪伴在我身邊、跳舞給我看，從此之後，我覺得牠很可愛。

記憶中的那個夏季非常炎熱，泡過冰冷的溪水令全身暑意全消。我擦乾了身體、換好衣服，坐在岸邊座椅上凝視著泳池中載浮載沉的鐵線蟲。父親端來一碗剛泡好的滿漢大餐牛肉麵與我分著吃，熱呼呼的湯底濃鹹微辣，還有種獨特的牛油香氣，趁熱趕緊吃，麵體還是Q彈的。

夾起一塊小小的入味牛肉塊，這種滿足感唯有含軟罐頭的高級泡麵才能做到。最後將碗底的肉碎、乾香蔥與湯頭一飲而下……不只身心都被療癒，還有某種鎮定情緒的作用。

「游泳完就是要吃泡麵！」

當時父親滿足地說了這句話，至今三十幾年過去了，我依然視爲眞理。

「麵麵好像那個蟲蟲喔！」我指著水面的鐵線蟲，全家大笑，看來差點小孩溺水的事件沒嚇到任何人。

那個夏天的所有記憶都消失了，唯有泡麵的味道讓我想起這些事。

第6道

味王紅燒牛腩調理包

燉到幾乎碎散的牛肉塊不多、肉絲會卡牙縫，
但紅白蘿蔔與濃郁芡汁非常下飯，
在午餐時間，我就是班上的勝利者！
這時如果有小霸王拿湯匙來討，我會誓死保護自己的調理包。

在石碇就讀的小學因爲人數極少，所以教室內並沒有蒸便當箱，要從雜物間把全班的便當搬回教室得走好長一段路。那時我都會主動要求擔任「抬便當」的值日生，這份工作不太輕鬆，對小學生來說全班的鐵便當盒有夠重，手指頭還經常被燙到，但如果不是親自去抬便當，我總是沒有便當可以吃。順著路徑找啊找，總能發覺只有我一個人的飯盒被打開翻倒在草叢中。

飯菜經過長時間蒸煮後的特殊氣味不好聞，即使同學帶來媽媽手作的愛心便當，但打開來就是一陣「悶味」撲鼻而來：泛黃的蔬菜、軟爛的白飯再加上毫無口感可言的隔夜肉餅，反觀之下，母親沒時間替我準備料理，但我卻能享受全班最好吃的午餐：調理包！

我的便當盒裡面只有白飯，然後用便當帶綁上一包味王紅燒牛腩調理包，也就是俗稱的軟罐頭，加熱完畢之後，我把調理包撕開倒入白飯上，就是令人稱羨的美味！燉到幾乎碎散的牛肉塊不多、肉絲會卡牙縫，但紅白蘿蔔與濃郁芡汁非常下飯，在午餐時間，我就是班上的勝利者！這時如果有小霸王拿湯匙來討，我會誓死保護自己的調理包。

長大成人之後，我才第一次在中餐廳嚐到現煮的紅燒牛腩燴飯，現煮的牛肉跟紅白蘿蔔很厚實，但我卻不喜歡五香粉的存在感。紅燒牛腩調理包不算便宜，它也沒有愛與感情的成分，就是一個省時、小孩吃了開心的高鈉加工食品，但我依然懷念它的口感，怎樣都比同學那些蒸過的隔夜飯菜好。那是一種代表著精神勝利的味覺記憶，我沒有愛心便當、沒有朋友，但我有超香的一餐。

第7道

工友阿姨煮的陽春麵與狗大便

她總是不問我爲什麼哭泣，只問我要吃多少，
然後把細麵條丟進燒著沸水的破鐵盆內。
木屋外的陽光有時會斜射進來，參著枝葉的影子，
看起來並不像正午那樣強烈。

一九九〇年，我所就讀的小學校區，是把石碇鄉與深坑鄉之間的小山丘砍掉一半而建成的，校門口有一棵作爲標的物的大樹，那棵樹因爲在數年前的一場大雨中被雷劈成一半，卻還奇蹟似地存活著，縣政府於是把它列爲保護物，並沒有因爲道路需拓寬而剷除它。老師與長輩們常藉此樹勉勵小朋友：就算遇到再大的考驗還是應該堅持下去！

但這棵大樹的形體非常畸形，任何一個小孩都看得出它不是自願存活下來的，每當狂風吹過時，乾枯的樹葉一片接一片掉落，也會發出窸窣的悲鳴。

「我那天晚上看到，有一個叔叔在幫樹打針，後來才知道他每天都會去打針！」同學這樣說。所謂的叔叔是鄉公所的人，我想他是在幫大樹打類似殺菌劑的東西，甚至有可能是防腐藥水。但過了幾年之後，那棵大樹終究枯死了，所在的位置也變成了柏油路；而他們依然只移走地表上的枝幹，至於留在地底的樹根，也沒人在乎它是死是活，反正沒人看得到。我當時常因爲感到樹根還留在地表下，而覺得非常不自在，就像走進移碑不移墓的舊墳一樣不自在。

我通常是走後門的小路去上學，並不是爲了刻意避開那棵樹，只是單純習慣走人少的地方。有位非常照顧我的劉阿姨就在後門林間搭建的工寮內工作，她當時已經五十幾歲，是常駐學校的校工。每當我被霸凌、便當被同學打翻後，她都會在小木屋內煮陽春麵給我吃。

我永遠是一邊哭一邊走進樹林，在遠方就看到皮膚黝黑又滿臉皺紋的劉阿姨在對我微笑，她總是不問我爲什麼哭泣，只問我要吃多少，然後把細麵條丟進燒著沸水的破鐵盆內。木屋外的陽光有時會斜射進來，參著枝葉的影子，看起來並不像正午那樣強烈。

每當我吃完了麵，走出樹林，再沿著後門的小徑走回教室；途中往往可以看到我那凹陷變形的鐵便當盒被遺留在路上，蓋子被打開，裡面的飯菜傾倒出來。我會跪在地上徒手把殘渣撿回飯盒中，把盒蓋蓋好，再扣上尼龍製的便當帶。這時會有微風吹來，是從後門樹林的方向吹來，因爲午休時間太過安靜，所以能清楚聽到乾枯樹葉掉落的窸窣聲。

在鄉下念了幾年小學，也不盡然全是寂寞地度過，我有個比較能談心的同學，在當時就如同閨蜜吧？某天，她告訴了我一件很特別的事情：

「妳知道阿華喜歡妳嗎？」

我身爲全班最胖的女生，外號還是「歐羅肥」，就是一種給豬增重的禁藥名稱，實在很難想像會有男同學暗戀我……

「他每天站在教室門口時都在偸看妳喔！而且上次老師幫他擦屁股，因爲有妳在場，他覺得很害羞就哭了。妳不在的時候他都不會這樣。這件事只有我知道喔！」

阿華是一個特別的男生，皮膚黑黑的，沉默寡言，長相沒什麼特色；但他出生時經過手術開刀才裝了人工肛門，以至於他沒辦法控制自己失禁的症狀。往往上課上到一半，全班同學就聞到臭味，老師又不能立即中止課程去幫他換褲子，只好讓他站到教室外面的走廊上課。他跟我一樣，是班上被排擠跟霸凌的對象。

我告訴閨蜜千萬不能跟其他同學說，她答應了我。

一日，下午三點的打掃時間，我們一如往常提著水桶及掃具去操場，豔陽斜射在黃土跑道上，映照到一坨狗屎。班上調皮的男同學用報紙墊著手掌捧起狗屎，追著大家跑來跑去，突然一個腳步不穩，那坨狗屎在半空翻騰了好幾圈，然後砸到我腳上。

我不覺得這有什麼好奇怪或骯髒的，畢竟我家養了一百多隻流浪狗，天天都得踩著一堆狗屎才能走進家門，同學們卻圍了一圈指著我大笑，甚至笑倒在地，我只感到尷尬與無趣。

眾人嬉鬧中，突然有句話語響起：

「歐羅肥跟大便人好配喔！」

「大便！」「大便！」

小霸王起聲一呼，同學便此起彼落地邊笑邊喊著「大便！」，我這時才知道原來所有人都知道阿華暗戀我的事。在同學的笑鬧聲中我瞥見獨自佇立在遠方的阿華，眼中微微泛著淚光，一語不發。然而，我並沒有擦掉腳上的狗屎就走回教室，直接來到當天擔任清潔值日生的閨蜜面前，氣呼呼地質問她：

「妳是不是把阿華喜歡我的事都跟全班講了？」

「……」

「妳是不是講了？」

「對不起啦……」

她立即道歉了，我看得出她眞的有悔意，她可能是受到威脅利誘才說出此事，更可能只是爲了得到多一點群體認同。

「走吧！我帶妳去一個地方！」我對她說。

「可是還要上最後一堂課啊……」

我沒等她反應過來就拉著她的手衝出教室，一直往後門的方向跑去。當時天空微微泛著橙紅色，逆光的樹林卻已一片漆黑，還有許多蚊蟲呈螺旋狀在集結飛舞，好似一條上升中的蟠龍柱。

我魯莽地撞開林間工寮門並大喊：「劉阿姨！我肚子好餓喔！」

一如往常，劉阿姨在已經點燃油燈的木屋中回頭對著我微笑，也露出一絲憐惜的神情。

「哎喲……沒吃到午餐爲什麼不趕快來找阿姨啦，今天還帶朋友來喔！來，阿姨煮麵給妳們吃。」

只見劉阿姨把破鐵盆燒滾了水，丟了兩把麵進去。

我轉頭對站在一旁的閨蜜說：「劉阿姨煮的陽春麵是我這輩子吃過最好吃的東西！妳一定要吃吃看！」

她低頭看著地上，眼眶也濕潤著，直到我們把剛煮好的麵條送進口中，才終於展露笑容。

之後我們三個人留在木屋中聊天，到太陽下山才離開樹林。路途中，我與閨蜜談笑著，就像今天什麼事都沒發生過。

「阿姨的麵真的好好吃喔！到底有加什麼啊？」她好奇地問我。

「好像只有一些青菜、豬油跟鹽吧……」

「一定有加什麼祕方吧？就跟妳說的一樣好吃呢！」

看來她也對那陽春麵讚譽有加，而當時天色已晦暗不清，記得小時候的鄉下都是六點多就天黑了。

「如果有祕方的話，我想就是她加了大便吧！」

我一邊笑一邊回答她，她突然尷尬了起來，而我鞋子上殘留的狗屎也不那麼臭了。之後我很少再跟她談心了，我也越來越喜歡獨處。

在回家路上我經過校門口被雷劈的那棵大樹遺址，透過路燈，隱約可以看見它還屹立在此，但這極可能只是我的幻想罷了，畢竟它早就消失了。

第8道

楳圖一雄與紅豆餅

圓圓的薄餅皮中，
放著滿滿紅豆泥餡料，溫熱而甜膩，
但對於不喜歡泥沙狀口感的我來說並不怎麼誘人，
而她的香水味太過刺激，完全蓋住了餅皮的奶蛋甜香……

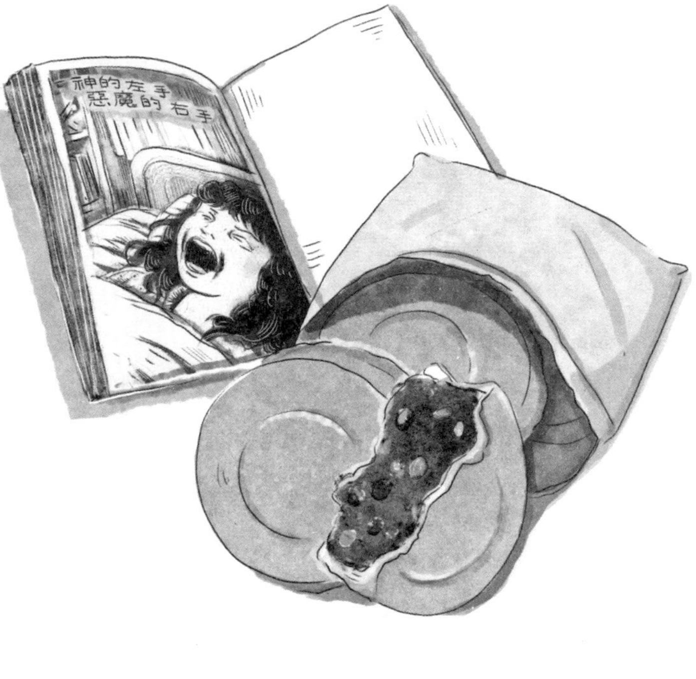

時序是民國八〇年代初期，童年記憶中有一個同父異母的哥哥。雖然共同生活，但他長了我十二歲，所以不太算能玩在一起。哥哥的母親在生下他之後人間蒸發，摩羯座的哥哥比一般人更加沉默寡言，與家庭的關係也很疏離。哥哥幾乎都不在家，我連他說話的聲音都不記得，而我對哥哥最深的印象，是他藏在房間內的大量錄音帶跟漫畫。

媽媽曾告誡我不可以去看哥哥的書，她擔心成年男性藏有些偏差的不良讀本，但母親越是禁止，那個黑漆漆的房間對我來說越有吸引力。我甚至無法確定哥哥是不是故意的，每當他離開房門的時候，都很刻意地讓我看到他沒有鎖上門。

一次媽媽在忙，我逮到機會躡手躡腳地潛進哥哥房間，首先映入眼簾的是櫃子上擺放整齊的大量盜版音樂錄音帶，雖然沒有照片，但封面寫有歌手名稱：飛鳥涼、大貫妙子、森高千里、山下達郎……這些是日本人的名字嗎？我沒一個認得的，原來哥哥都在聽日本音樂？那是什麼樣的音樂呢？

然後我瞄到他的床頭櫃，上頭一本本書籍都被刻意包上了黑白廣告紙，無法輕易辨識是什麼內容，但憑我這個小學生的經驗，我知道那個開本大小一定是漫畫！是的，那些就是媽媽不准我去看的不良漫畫。它們靜靜地待在那裡，散發著邪惡的、奇幻而誘人的光芒……

「蓓蓓啊！來幫忙一下！」

啊，可惡，媽媽在呼喚我的小名。好吧，下次再探索這個區塊。

⋮

我人生中的第一本漫畫是《機器貓小叮噹》，後來上了小學，對動漫完全不熟悉的母親說：「女生應該要看少女漫畫吧？」

她幫我去出租店挑選了《尼羅河女兒》，雖然畫風非常漂亮，但我實在不懂女主角爲什麼要一直落河，然後那個長得像女生的長髮男到底在幹嘛？

之後母親又幫我租了《凡爾賽玫瑰》，我還是搞不清楚誰是女的誰是男的。最後她又租了《千面女郎》，因爲劇情與母親的工作有關，我這才有些認同感，但爲什麼女主角的瞳孔常常消失？母親演戲時並沒有這一招啊⋯⋯如果漫畫都是這樣，那可能是我不喜歡看漫畫吧？但我很清楚，哥哥房間內的漫畫是另外一個世界。

某次我又成功潛入哥哥的房間，這次直達床頭櫃。因爲無法輕易辨識封面而且時間緊湊，所以我隨意拿起一本漫畫就打開閱讀！

映入眼簾的第一幕，是一位小女孩坐在床上的場景，下一畫格出現一把神祕的刀子，然後大量的血液？毒液？如蛆蟲一般的物體從女孩的雙眼中噴濺而出⋯⋯

我雙手微微顫抖，彷彿冰冷漆黑的血液順著頁面緩緩流下，我繼續屏氣凝神地翻閱，畫格中出現的少年、少女表情猙獰，雖然看不懂劇情但感到背脊發涼。直到最後一頁戛然而止，我才在版權頁見到書名《神之左手，惡魔之右手》，作者叫楳圖一雄。

十歲那年，我偷看哥哥的漫畫，大腦彷彿遭受五雷轟頂、開啟了新世界。

．．．

除了楳圖一雄的好幾部作品，哥哥還有一大套《北斗神拳》，但那對當時的我來說有點太過殘忍，小女孩可以接受虐殺，但不喜歡赤裸裸地鬥毆。

我常常翻過哥哥的漫畫但忘記他的擺放順序，所以我相信哥哥知道我有在偷看，但不知爲何他就是故意讓我偷看？

一次哥哥帶新女朋友回家，那位姊姊瘦瘦高高的、很漂亮，還散發著濃郁的香水味。她告訴我有買點心給我吃，示意我到房間找他們，當我走進房間，立卽聽到具節奏感的日文歌搖滾旋律，主唱的嗓音非常高亢……

「這是誰的歌啊？」我問哥哥。

「他們叫恰克與飛鳥，是日本的樂團。」

「很好聽誒！」

「妳哥哥的錄音帶都很好聽，但是他看的漫畫好恐怖喔！」哥哥的女朋友插嘴說著，我們三人一起大笑……嗯，哥哥果然知道我有在看他的漫畫。

她拿出了一袋像蛋糕的東西，問我有沒有吃過紅豆餅，我說沒有，這是人生中第一次吃。圓圓的薄餅皮中放著滿滿紅豆泥餡料，溫熱而甜膩，但對於不喜歡泥沙狀口感的我來說並不怎麼誘人，而她的香水味太過刺激，完全蓋住了餅皮的奶蛋甜香，我只好出神地一直聆聽房內的背景音樂。

・・・

哥哥與女友沒多久之後就分手了，他的女朋友總是換來換去的，但哥哥偶爾還是會帶紅豆餅回家給我吃，少了香水味陪襯的紅豆餅嚐起來美味多了，我喜歡奶油口味。

隔年父親過世，母親忙著辦後事，在外定居的哥哥特地回家照顧我一大段時間，大人不在身邊，我們能恣意地看恐怖漫畫、聽J-Rock、City pop、吃紅豆餅……我看完了哥哥收藏的《漂流教室》，劇情我看得懂，甚至期待著如此劇變發生在自己身邊。

之後哥哥離家，我此生再也沒見過他。我對他的認識很淺，但他影響了我青春期對日系文化的啟蒙，這是一段全世界沒有任何人知道的往事。

第9道

媽媽煮的燴飯與爸爸的檳榔渣

我獨自凝視著爸爸還算安詳的面容，
口中含著沒咀嚼完的無味燴飯，
想到：如果爸爸起床有吃到這個飯，應該會生氣吧？
會說媽媽怎麼又沒加鹽？
然後我才終於流下了眼淚……

一九九四年十二月，那是一個陽光普照的冬日午後，乾爽的微風吹拂著，我獨自待在房間內看書，一切是那麼樣的恬淡而悠閑。

「蓓蓓。」

背後傳來爸爸呼喚我的聲音，語氣很平靜。

「嗯？什麼事？」

我問了話才回頭，但轉頭卻沒有看到任何人影。

奇怪，我很確定那是爸爸的聲音啊！空氣中還瀰漫著一股淡淡的檳榔味……算了，可能聽錯了吧？我繼續趴在地上翻閱當時最喜歡的百科全書。

爸爸長年吃檳榔的壞習慣改不掉，小時候我常陪爸爸開車去附近產業道路的檳榔攤，我總是負責搖下車窗，對著攤位裡的阿姨大喊：「包葉仔兩百！」

阿姨會遞來兩盒印有比基尼泳裝女郎圖案的檳榔，送一瓶結冰礦泉水。吃檳榔容易感到口腔灼熱，所以他們很喜歡喝結冰水。爸爸不是一個會亂吐檳榔渣的人，但他教我複習數學作業時總是口沫橫飛，導致我的習作簿上被噴滿紅色小點點，檳榔的氣味對我來說就等於父親的味道。

・・・

那個午後媽媽在廚房烹煮了晚餐，天還沒暗就喚我去吃飯。我闔上百科全書走到客廳，是我最常吃的港式燴飯，簡簡單單一盤有肉片、有筍片、有青江菜，淡醬油色的勾芡醬汁濕潤了乾鬆的白米飯，是不用花力氣咀嚼的快餐，我跟爸爸都喜歡。

「妳先吃，我去叫妳爸起床喔。」媽媽對我說。

「嗯，我以爲他已經起床了？我剛剛在房間好像有聽到他的聲音。」

「沒有啊，他今天午睡前還說今天特別舒服，想多睡一下。」

喔，我剛剛果然聽錯了。

我打開電視，低下頭扒了兩口飯。嗯，媽媽又放太少鹽了，吃起來沒什麼味道，每次吃媽媽的料理好像都需要一點運氣成分？

突然間，從父親房間傳來一聲淒厲的大喊……

「阿彌陀佛啊！」

我立刻放下湯匙，走進爸爸房間，只見母親雙手合十，眼眶都是淚水……

「我跟妳說，妳爸爸走了……來，妳在爸爸身邊念佛號，我去打電話找人幫忙……」然後媽媽便衝出房間開始聯絡警察、朋友。

我獨自站在爸爸身旁，他平躺在床上，看起來像睡著了，但雙眼微微打開，很明顯沒有了氣息。我照著媽媽的囑咐雙手合十，反覆念著我不知道爲什麼要念的佛號，因爲那一刻我很確定爸爸的靈魂已經不存在於這個空間了。

．．．

我獨自凝視著爸爸還算安詳的面容，口中含著沒咀嚼完的無味燴飯，想到：如果爸爸起床有吃到這個飯，應該會生氣吧？會說媽媽怎麼又沒加鹽？

然後我才終於流下了眼淚……以後再也沒有這樣的對話了，而我的數學習作簿再也不會有檳榔渣的味道了，那種帶有草本煙燻味混合唾液的臭氣，會是我對父親的記憶連結。

想到這裡我開始放聲哭泣，其實父親突然離世我並不感到意外，因爲他生前本來就病痛不斷，但這天到來了還是會覺得捨不得。那天，十一歲的我告訴自己：未來必須要改變，我必須要從此時此刻強迫自己長大，我必須照顧自己、不給精神脆弱的母親添麻煩。

不知何時終於吞下口中的燴飯，我無神地持續念著母親交代的佛號，直到警察與鑑識人員紛紛到場。

．．．

父親的死因是「睡眠呼吸中止症」，常發生在打鼾嚴重的人身上，但當時還沒有這個正式的醫學名稱，所以法醫在相驗結果寫上「暫時停止呼吸」，讀到這一段我跟母親立刻想起那部殭屍港片，但想笑又笑不出來。之後就是一連串忙碌的喪葬事宜。我也到了法院辦理放棄繼承權，才不用背負父親名下積欠的債務，那些債務幾乎都是爲了養流浪狗造成的。

總之，新的人生就從那天開始了，我們總在被迫失去中成長。檳榔氣味雖讓我回憶起父親，但隨著時間慢慢過去，我也逐漸淡忘了他們之間的連結。當時在房間聽到父親呼喚我的聲音，可能是在道別吧？

第10道

小學福利社的巧克力麵包

巧克力麵包圓圓胖胖的，裡頭沒有餡料，
只覆蓋了一層薄薄的黑巧克力皮、灑了幾顆彩色糖豆。
一口咬下能同時享受鬆軟與甜脆兩種不同口感，
是一種純粹的味覺……極具療癒力……

父親因呼吸中止症突然在午睡中離世，媒體大篇幅報導此事，來自全台灣的善心人士收養了我們家的流浪狗，爲媽媽減少很多負擔，接下來她要面對的是復出演藝圈並償還大筆債務。

「我們有慈悲，沒智慧。」媽媽含著淚說出這句話。

媽媽告知我們要搬家轉學到台北市，雖然小小年紀得面對巨大的生活轉變，但我覺得很好，因爲我與這所偏鄉小學的同學實在合不來，而留在此處的盡是些悲傷記憶，隨著父親短暫的生命歷程結束，我們也該與這裡說再見了！

我永遠記得第一天到台北市吳興國小報到時的「盛況」，教室門口站滿了其他各年級的學生，大家隔著窗戶在對著我品頭論足，我彷彿動物園裡的珍禽異獸。

「誒，那個是譚艾珍的女兒耶！」

「哪一個？」

「就胖胖的那一個嗎？」

「可是她好像姓歐陽耶，歐陽龍是她爸爸嗎？」

窗外同學評論的每一句話我都聽得清清楚楚，對於個性內向的我來說，轉學第一天實在滿痛苦的。

到了第三節下課，幾位班上同學主動走過來對我說：「老師說要我們帶妳認識一下環境，我們一起去福利社吧！」

「好啊！」我這才露出了笑容。

這些新同學感覺起來比我之前學校的同學親切多了。

福利社是什麼？我之前就讀的那所小學因爲人數太少，沒有福利社，原來福利社就是在校內的商店，不但有文具、便當，第三節下課時還會送來剛出爐的各種麵包！仔細挑選著點心的我難掩興奮神情，最後用十塊錢買了一個同學推薦的巧克力麵包。

「這個很好吃喔！我也很喜歡！巧克力應該是世界上最好吃的東西！」

新同學對這麵包讚不絕口。過去五年間，在上一所學校從來沒有人這樣與我聊過天，我打從心中莫名地感動。

・・・

巧克力麵包圓圓胖胖的，裡頭沒有餡料，只覆蓋了一層薄薄的黑巧克力皮、灑了幾顆彩色糖豆。一口咬下能同時享受鬆軟與甜脆兩種不同口感，是一種純粹的味覺，這種碳水化合物與糖分帶來的慰藉作用是極具療癒力的，自此之後的每一天，只要到了第三節下課我就會跟同學衝去福利社買一個巧克力麵包。

「我本來以爲妳是明星的小孩會很臭屁，結果沒想到不會耶！」同學如此對我說，我們邊笑著邊聊天走回教室。十一歲，我人生第一次在學校交到了朋友……

都市公立學校的小孩跟我想像中的很不一樣，即使家庭經濟狀況比較好的同學也不高傲，大家都專注在課業，對於準備科學展覽充滿熱誠，喜歡看《小牛頓》、《小哥白尼》雜誌，就跟我一樣。那段時間我好快樂，上學的生活跟巧克力一樣甜。

第

11

道

葵可利的綠豆沙牛奶加珍珠

我開始出現停經、免疫系統失調、異位性皮膚炎，當然還有過胖的問題……但不得不說，左手一杯珍奶、右手一片雞排的滿足感，能夠填補生命中所有的負面情緒。

國二時中午得吃兩個便當才會飽，下課後更是立刻衝出校門到一旁的手搖飲店「葵可利」。每天必買的飲料是這幾種：綠豆沙牛奶加珍珠、布丁奶茶加珍珠、胚芽奶茶加珍珠……然後再配上萬惡美味：一片油滋滋的大雞排！

或許眞的是反式脂肪跟高糖分造成的副作用，我開始出現停經、免疫系統失調、異位性皮膚炎，當然還有過胖的問題……但不得不說，左手一杯珍奶、右手一片雞排的滿足感，能夠塡補生命中所有的負面情緒。

當時校內有個瘦瘦的漂亮女同學，個性很好又有禮貌，優雅的氣質顯得有點鶴立雞群。她三餐帶便當，都是貴婦媽媽親手準備的健康餐，她此生從來沒吃過便利商店賣的零食，乖乖、糖果、含糖飲料……甜食只有媽媽烤的全麥餅乾。她小學就讀很嚴格的貴族學校，後來鬧了家庭革命，控制狂媽媽才妥協讓她念普通公立國中。原來在她優雅的外表下，藏著叛逆的靈魂。

某天，我腦中的惡魔指使我說出了這句話：「妳想不想喝喝看葵可利的綠豆沙牛奶加珍珠？」

「可是……放學會有司機來接我，他會看到然後跟我媽媽說……」她有點緊張，但其實沒有拒絕。

「沒關係啦，妳先躲在後門口，我去買了拿來給妳喝一口就不會有人看到了！」

「綠豆沙好像不算不健康吧？我不要吸到珍珠就好了……」

「對啊，妳喝喝看嘛。」

就從哪一天放學開始，十四歲的她初嚐到禁斷的果實。

・・・

十多年過去，出社會後有一次聯絡上她，她說高中時堅持要去國外留學、然後過著嬉皮般的生活，抽大麻、靈修、男友或女友一個一個換，在台灣的媽媽完全不知情，後來考上藝大的她成爲當地小有名氣的華人藝術家。

她對我說：「謝謝妳帶壞我，讓我選擇自己的生活。」

她居然還記得這件事！可見得那一口高糖飲料對人生影響巨大！她說美國很多地方都有快可利，但她成爲不吃人工食品的健康主義者，不可能買現成手搖飲店的珍珠來吃，而是用奇亞籽來自製。

「妳媽媽現在知道妳曾經喝過含糖飲料嗎？」我問她。

「不知道，但有垃圾食物的青春期才是完整的啊，不是嗎？」她說。

第

12

道

美景川味小吃的紅油抄手

紅油辣度並不高，舌尖能感受到些許花椒的刺激，但香氣十足！很意外如此薄透的餛飩皮居然帶有嚼勁，而抄手內餡只有豬肉，油脂非常鮮甜，整體來說溫和卻令人驚豔。

青春期對外表極沒有自信，我並沒有期望自己長得像某個明星，但就是不滿於所有一切，眼睛、鼻子、手腳……通通都不對，髮型剪了又剪、染、燙、接髮……無論怎麼弄都不滿意。直到某天，我看了當時熱門的日系少女雜誌在介紹模特兒的造型祕訣：戴假髮。我才想起小時候常陪母親去一間位在台北東區頂好名店城的假髮店，她演出戲劇中奶奶角色的白髮造型都出自那家店！

第一次獨自來到頂好名店城時是戰戰兢兢地，坪數不大的店家中販售著琳瑯滿目的進口商品，美容材料行櫥窗中一整排的假睫毛、染髮劑、美甲片，還有從來沒在專櫃或開架看過的化妝品牌。搭著手扶電梯慢慢閒晃，我才驚覺在地下室有好幾間賣小吃的商家，頓時香氣四溢。販售蒸餃、酸辣湯的店在大排長龍，轉頭還看到另一間小店寫了「川味」兩個字。好，就來吃吃看吧！我喜歡吃辣。

偷偷觀察四周每個人都點紅油抄手，當抄手一起鍋，馬上就消化了排隊的大批人潮，應該是招牌？於是我也點了紅油抄手加一碗酸辣麵。料理上桌後，只見抄手小小一碗，裡頭的餛飩個頭不大，薄皮還能透露出肉餡的粉紅顏色。把辣油醬汁攪拌均勻後一口咬下……什麼？這也太香了吧？

紅油辣度並不高，舌尖能感受到些許花椒的刺激，但香氣十足！很意外如此薄透的餛飩皮居然帶有嚼勁，而抄手內餡只有豬肉，油脂非常鮮甜，整體來說溫和卻令人驚豔。完全能理解爲什麼是排隊美食！頂好名店城的地下室中居然有這種等級的美味！至於酸辣麵就沒什麼記憶點了，或許因爲對抄手的印象太深刻，於是不酸又不辣的酸辣麵就在我的腦中被刪除。

吃完飯後，我在一樓的假髮店買了一頂造型用的短髮，戴起來果然很好看，但怕熱的我在沒多久之後就放棄了，明明戴著短髮假髮，頭皮卻像在洗三溫暖，汗水跟雨水一樣滴落……唉，還是算了。

第13道 賽門甜不辣

賽門甜不辣湯頭很甜，柴魚味極濃，
淋上漿糊般的味噌甜辣醬之後，
油豆腐、白蘿蔔、甜不辣……
所有食材除了口感不同之外，
因爲經過燉煮，味道都變得差不多。

有些食物跟音樂類型長大之後卻再也不想碰了。

對我來說，Marilyn Manson（瑪麗蓮．曼森樂團）跟賽門甜不辣的記憶是連結在同一個階段。國中時很著迷於搖滾樂，放學後最常去的地方就是西門町，被稱爲「西淘」的淘兒音樂城、佳佳唱片行、九五樂府都是挖寶的地方，那時在BBS站上Alternative另類音樂樂迷會集中的大概就是這幾間店。

一九九五年Marilyn Manson出版專輯《Smells Like Children》專輯，十五歲的我在西淘一聽成粉絲，然後就開始存錢來收其他專輯、包括Nine Inch Nails（九寸釘樂團）等等工業搖滾團。我著迷於白噪音堆疊成巨大音牆的感覺，聆聽時腦子完全沒有喘息空間，再加上主唱的嘶吼引領人墜入深淵般的恐怖感，那就是青少年在尋求的刺激。

每到西門町找音樂時總會吃點東西，大車輪、天天利、謝謝魷魚羹……但我最常吃的是賽門甜不辣。賽門甜不辣湯頭很甜，柴魚味極濃，淋上漿糊般的味噌甜辣醬之後，油豆腐、白蘿蔔、甜不辣……所有食材除了口感不同之外，因爲經過燉煮，味道都變得差不多。還有華西街夜市的頂級甜不辣也是類似風格，但醬汁的顏色更深、甜味噌的存在感更重。

我總是戴上耳機，一邊用超大音量聆聽Marilyn Manson版本的〈Sweet Dreams (Are Made of This)〉，想像著音樂綠影帶中獵奇的扭曲鏡頭、變形的人體、Manson慘白腹部上的傷疤，還有他騎著的那隻豬，然後一口咬下入味的小貢丸。

「我要加湯！」我先按下耳機線上的暫停按鈕，起身把湯碗端去給老闆。碗裡還留有不少醬汁，與高湯攪勻後，其實跟剛剛所吃的甜不辣都是一樣的味道。

・・・

隨著年齡增長，喜歡的音樂也一直在改變，之後突然從工業金屬跳轉到後搖，每天都在聽Godspeed You! Black Emperor樂團，過著很EMO的生活。後來發覺重金屬一點都不憤怒、龐克也沒那麼反骨、後搖也不文青，眞正唱出生命殘酷面的是黑人藍調跟爵士，聽藍調才酷。

我變得很少跑西門町，也隔了很久很久都沒吃過甜不辣。某次在百貨公司美食街看到居然有賽門甜不辣，點了一碗來吃，似乎變貴了不少？味道淡了一些，但辣椒還是很夠味，依然算不上多喜歡。

我媽媽說在她小時候大家都知道《七海遊俠》主角賽門・鄧普勒（Simon Templar），就是賽門甜不辣名稱的由來，因爲我沒有接觸過那個年代，所以見到沾滿甜辣醬的小貢丸時，我腦中還是會閃過Marilyn Manson騎豬的畫面，這些旋律與味覺永遠留在青春期的西門町街頭。

第

14

道

邱記涼麵

邱記用的是台北涼麵常用的細黃麵，口感比較脆硬，醬汁分爲液態調味醬油、麻醬兩部分，濃稠麻醬的部分不多，醬汁偏稀好拌勻，再加上生蒜泥，整體口味很重。

自從有記憶開始，我早餐就沒吃過西式食物，西式食物指的是麵包、沙拉、三明治那些，即便是再豐盛吸睛的早午餐，如果我起床第一餐吃的是西式食物，我會心情不好一整天。那去歐美國家時怎麼辦？我會帶泡麵，或是尋找中國城飲早茶的地方茶吃港點。

朋友曾問我：「是不喜歡一起床就吃冷食沙拉嗎？」

不是，因爲我最愛的早餐選擇是涼麵，那是冷食。

吳興街有一家邱記涼麵，只營業早餐時段，早上六點開到中午。我從讀小學就開始吃邱記了，直到高中某天在討論早餐時同學問我：「誒，歐陽妳住北醫那邊嗎？」

我回：「是啊。」

同學：「妳下次可以幫我買涼麵嗎？有一間涼麵很有名～」

原來是名店啊？好，隔天我拎著用塑膠袋裝的涼麵跟三合一湯到學校，這一下不得了，每天都有好幾個同學要我幫忙買涼麵，我只好祭出限購三人的規定，不然我滿手涼麵跟熱湯怎麼搭公車？

邱記老闆看著我長大，從一個小胖妹到瘦弱的暗黑少女，再到綁著馬尾的馬拉松跑者。我甚至帶了好多外國朋友包括日籍前夫造訪，我永遠記得他初嚐台灣涼麵時的反應……

「ヤッベー！これはクソうっめぇ！」（意譯就是：他媽的這也太好吃了吧！）

三十年間，我每週中有好幾天的早餐都是他們家，我走進店裡根本不用點餐，老闆就知道我要吃什麼。

「原味涼麵不加蒜，味噌蛋花湯不加蔥嗎？」

「今天我想吃三合一湯！」加兩顆彈牙的大貢丸，一天的開始更飽足。

邱記用的是台北涼麵常用的細黃麵，口感比較脆硬，醬汁分爲液態調味醬油、麻醬兩部分，濃稠麻醬的部分不多，醬汁偏稀好拌勻，再加上生蒜泥，整體口味很重。店裡提供的辣油很辣，但我覺得麻醬適更合配哇沙比，是用綠色粉末調製出來的那種，非常嗆。另外也有炸醬涼麵，加肉燥貴一點，相較之下我還是偏好原味，配菜只有小黃瓜絲，沒有我不喜歡的綠豆芽。而三合一湯頭偏甜、柴魚味重，豆腐是隔壁吳興街菜市場豆腐攤販售的，因爲營業時間短所以新鮮度沒問題，加蔥末會搶掉湯頭的溫潤感，所以我都說不加。

台北的涼麵店很多：夜生活首選劉媽媽，也是夜間限定必點豬肝的柳家，曾經二十四小時營業的陳家。現在邱記已經成爲不排隊吃不到的名店，某天我一定會再度造訪，不知道老闆還記不記得這位三十年老客人習慣的一套？

第15道 淡水阿給

全台灣只有在淡水吃得到……
阿給只要冬粉夠入味而不軟爛、油豆皮有厚度、
醬汁的口味不人工，再配上一點辣椒，
在寒冷的海風下，那就是一碗質樸的暖心小點。

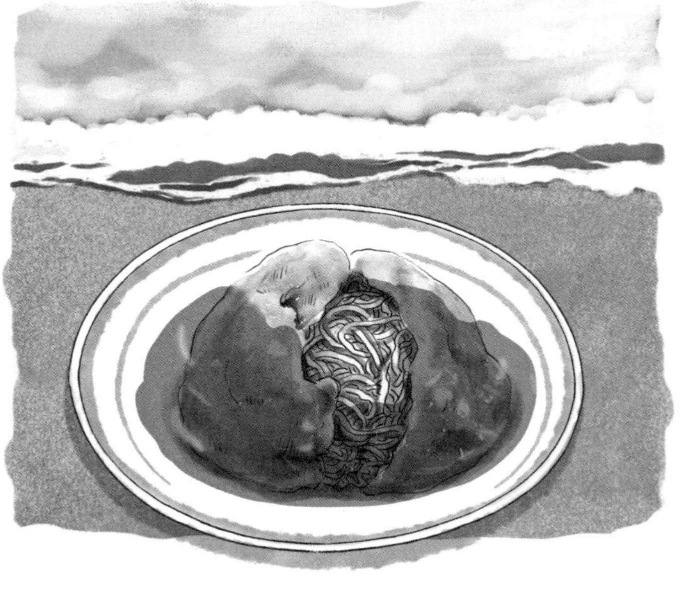

我算是有藍色記憶的小孩吧？

海洋生物學家 Wallace J. Nichols 發表了不同型態的江、河、湖、海對人類有哪些正面的影響，也有心理學家研究「藍色空間」如何提高人的心理健康，如果童年成長在藍色水域周遭，對於未來的抗壓性有很大的幫助。

我對父親存有的都是模糊印象，畢竟他只陪伴了我十一年，但記憶中他常常帶我去海邊。他的葬禮也是海葬，無邊海洋是他靈魂的最始與最終。父親葬禮後我只夢見過他一次，夢境是他帶我游到大海的正中間，蔚藍而無波無浪，安靜、祥和、溫暖……然後他說要離開一下下，叫我浮在水面等他，我慢慢看著他遠去卻不存在任何緊張與恐懼的情緒。

此時鏡頭逐漸拉高，轉變成第三人稱的俯視畫面，才發覺我一個小孩子獨處在大海的中間，而有一個巨大的漩渦圍繞著，在四周形成一個保護著我的結界。父親沒有死去，他只是回到大海了。

然後我此生就再也沒有夢見過他了，接下來的三十幾年，我逐漸淡忘他的容顏、說話的聲音、身形，但卻永遠記得那片海洋。或許就是因爲藍色空間的療癒，才讓我挺過重度憂鬱症的日子，我知道有股力量在守護著我。

・・・

高中時我的精神狀況並不太好，因爲常常跑醫院身心科，一年還沒過去，紙本健保卡已經蓋章蓋滿了F卡。我常一個人漫無目的地到處閒晃，偶爾會搭上捷運到淡水，雖然那不是眞正的海，卻是我能輕易到達距離海洋最近的地方。

有時候會買罐煤油，然後一路走到沙崙，等到日落西下就在海灘上寫字點燃。在那個沒有拍照智慧型手機的年代，做這些「中二病」的事情並不是爲了發上社群，純粹就是想看著某個東西從無形變得炫目，然後消失殆盡的過程。

一個重度憂鬱症的人獨自到海邊，難道不會想不開嗎？不會，因爲對我來說，海洋永遠不會吞噬我，那不是我該結束的地方。

．．．

回程途經淡水老街，觀光地總林立著俗媚不已的商店，放滿福馬林罐與假標本的怪奇博物館，在所有景區販賣著相同的商品的復古柑仔店，奶味淡薄、香精味濃厚的超長冰淇淋與成分99%是糖水的阿婆酸梅湯，還有奮力叫賣的魚酥小販，那就是所謂觀光老街的構成。

當時的我正在厭食症階段，算不上喜歡進食，但還是會吃個小吃再搭上捷運，分量不多、回台北也吃不到的「阿給」總是我的唯一選擇。阿給就是把油豆腐（日文的油揚げ，簡稱あげ）挖空，裡頭塞滿吸飽湯汁的冬粉，用魚漿封口蒸熟，再淋上甜辣醬。

全台灣只有在淡水吃得到，算不上極美味，所以其他地方也沒模仿販售，但我覺得阿給只要冬粉夠入味而不軟爛、油豆皮有厚度、醬汁的口味不人工，再配上一點辣椒，在寒冷的海風下，那就是一碗質樸的暖心小點。好吃的阿給都不在觀光老街上，而是在眞理街巷弄裡，對當時的我來說美味與否並不重要，我吃的只是一個「來淡水」的儀式感。

這樣浮游般的日子過了好多年，每當我以爲自己好多了，卻又莫名其妙地往下墜落……然後我又獨自搭捷運來到海邊散步，什麼都不做，最後吃碗阿給再回家。

憂鬱症這種東西很奇怪，明明看起來已經無解了，但只要穩住自己，總有一天會有某個力量把自己的意識往上拉起，我彷彿看到了當初夢境中的俯視角度：自己在藍色大海的漩渦中間被守護著，然後一個轉念，所有問題都消失了。

第 16 道

嘉義布袋的菜脯

經過醃製、乾燥後的天然菜脯，
散發著一股低沉的鹹香味……
接過一小塊老菜脯含在口中，
彷彿吸收著嘉義的陽光、風與鹽分的精華，
我十九年的人生至此嚐過最溫潤的鮮甜。

我的十九歲，是嘗試隱蔽起自己窺看世界的年紀，當時憂鬱症的我對生命依然抱有熱情，但畏懼於直視所有人事物，所以愛上攝影，透過鏡頭的觀景窗看世界，讓我得到了無與倫比的安全感。

「We were sure we'd never see an end to it all　我們肯定不能看到事情最後的發展
And I don't care to shake these zipper blues　我也不在意去趕走這不自在的感覺」

The Smashing Pumpkins（碎南瓜樂團）的〈1979〉，那是我十九歲時最喜歡的一首歌。

· · ·

母親在大愛台主持了一檔料理節目，當時的製作企劃很有趣，將走訪全台三一九鄉鎮，尋找在地的農產、素食食材。拍攝時她總會帶上我，我一定會準備相機和一大堆底片，雖然對節目幫不上什麼忙，但能藉此機會看到不一樣的台灣。

印象很深刻的是某一集來到嘉義，自小在陰濕台北長大的我，很難得在蘿蔔田見到如此豔陽，採蘿蔔的農人彷彿手舞足蹈著、捧著蘿蔔的母親流露出笑容……無邊際的寬闊景象讓我不由自主地按下了快門。

白蘿蔔田散發著一股濃烈而特殊的青臭味，來自蘿蔔表皮中的硫磺化合物，那氣味類似芥末般嗆鼻，經過烹煮或曬乾就會消失，雖然不至於令人不悅，但身處在蘿蔔田中並不是件浪漫閒適的事情……

躲在觀景窗之後，因爲相機體的庇蔭，我的鼻息也被保護著，在嗅聞到蘿蔔臭之前，我會先嗅到金屬與底片的獨有塑膠味，那層氣味斷絕了我與眼前現實的五感，我甚至以爲自己不在現場。而南部的豔陽透過鏡頭被縮小，在小小的光圈中凝結——永遠停格在哪一瞬間。

・・・

全台灣九成的菜脯都產自嘉義布袋，不同於新鮮白蘿蔔的刺激感，經過醃製、乾燥後的天然菜脯散發著一股低沉的鹹香味。加工廠的主任拿出一罐家傳數十年的陳年老菜脯，說這一味的生津止渴程度遠超過市面上所有聖品。

此時我沒有拿出相機，或許是蘿蔔變成菜脯之後少了攻擊性，我也不再需要躲藏了吧？從主任手中接過一小塊老菜脯含在口中，彷彿吸收著嘉義的陽光、風與鹽分的精華，那是我十九年的人生至此嚐過最溫潤的鮮甜。

現在我早已經忘記當時陪母親拍攝外景的細節，也不明白自己當時無所適從的無助感是怎麼產生的，但我卻能清楚地回憶起那個氣味、味覺。

第 17 道

FRIDAYS薯條

吃客人的剩菜聽起來既荒謬又噁心，但我們當時真的會吃！
如果客人真的沒動，我們端去收菜口時會偷偷跟同事說，
然後大家就你一根、我一根，把本該是廚餘的薯條分食光光。

TGI FRIDAYS 美國總部宣布破產了，二十幾年前，我出社會第一份工作就是 TGI FRIDAYS 美式餐廳的外場，在莊敬路口的世貿店。

FRIDAYS 的員工訓練是餐飲服務業界有名的嚴謹，必須熟背中英文菜單，還得練就出不抄筆記點菜、單手端好幾盤菜的功夫，甚至要低聲下氣應付一肚子氣的奧客，因爲「The customer is always right.」（顧客永遠是對的）是我們員工守則第一條，跟憲法一樣不容抵觸。而世貿店員工又特別辛苦，因爲有爬不完的樓梯。

餐飲業是重勞動，對年輕的員工來說需要隨時補充熱量，我永遠記得主管在收菜口貼了一張大大的條子：不要吃客人吃剩的食物！

吃客人的剩菜聽起來既荒謬又噁心，但我們當時眞的會吃！

尤其是排餐類會附上的薯條，很多客人只吃主菜，薯條碰都沒碰。爲了上菜順序，外場員工會隨時緊盯著客人的動態，也順便留意客人有沒有吃薯條。如果客人眞的沒動，我們端去收菜口時會偷偷跟同事說，然後大家就你一根、我一根，把本該是廚餘的薯條分食光光。

難道不怕薯條上有沾到客人的口水嗎？

不知道爲什麼，那時眞的沒想那麼多，外場員工們幾乎都會吃。主管應該就是觀察到這個現象，所以才特別貼上「不要吃客人吃剩的食物」的條子吧？

廚房當然知道薯條的剩菜率很高，很少客人吃完，我有跟廚師聊過這件事，他說得很直白：「因爲我們的油跟鹽比較天然，沒有麥當勞的好吃。」

我聽聽就笑了出來，確實如此，FRIDAYS 薯條的味道還真的是我完全沒有記憶點的一道菜，但當時偷吃客人剩食居然是我至今印象最深刻的一件事。

第18道

FRIDAYS全熟沙朗牛排

小姐開口就說要外帶一份全熟牛排，
我還跟她確認了一次是「Well Done」嗎？
她臉色略顯不悅，強調就是全熟。
我們家的沙朗連吃七分熟都很硬了，
全熟可能要金鋼牙才咬得動。

在FRIDAYS美式餐廳世貿店工作了一段時間後，我決定向主管請調職務，白班的勞動量實在太大，服務生除了得端豬肋排的厚重瓷盤爬樓梯，一大早要打掃擦拭所有的古董裝飾，甚至吸地、拖地都是外場員工的職責，當時的我太瘦弱負荷不了。

親切的主管幫我轉到領檯，從此之後我再也不用爬樓梯了！只要站在一樓安排客人的座位、負責外帶的點餐。

附近辦公大樓多，也有外商公司，平日中午生意很好，我們幾乎座無虛席。某日走進一位外籍小姐，她牽著一隻黃金獵犬，狗狗臉上滿是大大的微笑。

小姐開口就說要外帶一份全熟牛排，全熟。沒錯，全熟，我還跟她確認了一次是「Well Done」（全熟）嗎？她臉色略顯不悅，強調就是全熟。我們家的沙朗連吃七分熟都很硬了，全熟可能要金鋼牙才咬得動。

當時FRIDAYS主管賦予員工一個權力：所有外場都有幫客人重出、或免除餐點費的資格，不用事先請示經理，這是爲了能即時處理消費糾紛的手段。我曾遇過有人點了招牌前菜「馬鈴薯皮」，上菜後他說他不敢吃馬鈴薯的皮，他以爲那只是創意菜名，所以我就直接幫他退菜銷單了。

全熟牛排咬不動，頂多重做吧！我當時心裡只想到這個，就幫那位外國小姐下單了，但我犯的嚴重錯誤是：我沒有再三告知她因爲午餐時段客人多、製作會比較耗時。我忙著幫其他客人帶位、接電話，無暇觀察那位小姐的臉色變化，她的狗狗也一直乖乖地趴在地上。

二十分鐘過去，她突然從候位座椅上站起來大吼……

「爲什麼要等這麼久？我點 Chink（註：十九世紀末歐美人對華人的污辱性稱呼）做的肉是要給我的狗吃！」

天啊！只是肚子餓，有必要搞到種族歧視嗎？

即使主人大吼大叫，當下她的狗狗依然笑得呆萌，如果聽得懂主人所說的話，牠心中應該會想：「啊？原來是給我吃的嗎？」

但牠主人跟我要了所有的醬料，包括黑胡椒。

那位小姐看起來血糖低到失去理智，繼續以近乎尖叫的語調不斷發表種族歧視言論與不雅字眼，我只好使出下下策：找經理處理。經理馬上出現，首先她用流利的英文不斷道歉，然後要求廚房插單，最後送出一份全熟牛排，不收費。其實算起來那位小姐總共也才等了三十五分鐘，樓上還有更多客人在等餐。

會吵的小孩有糖吃？我頓時感受到「The customer is always right.」是一個糟糕的原則。

・・・

我依然覺得是客人的錯居多，但對於沒有處理好狀況的自己感到極度自責，那一整天心情都非常不好，甚至影響到我之後決定離職。

下班時廚房師傅會出來跟外場聊聊天，師傅笑笑問我：「今天是不是有人點全熟牛排？」

「是啊，一個老外，而且還大鬧……」

「妳有吃過全熟牛排嗎？」

「沒有耶，應該很硬吧？」我翻了一個無奈的白眼。

「我們廚房的原則是，如果不小心煮到超過七分熟，那就是要丟掉的廚餘，但客人想點我們還是會照做。」

之後當我看到這則網路笑話：你能跟點全熟牛排的人爭辯嗎？不行，因爲他還在嚼。

我都會聯想起那位小姐的嘴臉，不知道那塊免費的全熟牛排好吃嗎？

第 19 道

Inhouse的環遊世界

「等下給我一杯環遊世界！」

……我這段感情中唯一的味覺記憶，

從此之後這輩子我再也沒喝過這個鬼東西。

而那段感情就像嚴重暈船一樣生不如死，最後草草而終。

二十歲，因爲自律神經失調的關係變得日夜顛倒，那時在FRIDAYS白班領檯工作了一段時間，覺得身心無法負荷所以請辭了，之後開始尋找大夜班的工作。朋友介紹說信義區的Lounge Bar在徵人，晚班七點打卡、凌晨一點下班，剛好是符合我作息的時間，所以立刻安排去面試。當我一進入店裡，面試我的店長看了看履歷，然後又抬頭望著我，突然燦笑了出來。

「歐陽……哈哈，妳是蓓蓓吧？」

什麼？除了父母跟近親之外，沒有人知道我的乳名啊？

這時我才驚覺：店長居然是小時候在深坑的兒時玩伴！我們十幾年沒見過面了！她長大後變得跟她的演員媽媽一樣漂亮啊！緣分就是會在毫無預警之下，把兩個有磁性的靈魂從大老遠拉在一起，然後共感與震盪。

這間Inhouse Lounge Bar在台北市非常有名氣，純白色裝潢，背景音樂是當時最時尚的「Buddha-Bar」浩室節奏。服務生幾乎都是兼職模特兒，因爲設計師老闆人脈廣，很多大人物會來消費，對於有意往設計圈、演藝圈發展的員工來說是個跳板。我倒是沒有其他想法，只是純粹喜歡所有的一切，在不熟悉的地方見到熟悉的人，那是生命中最美好的緣分。

老闆細心、薪水高，客人素質好，在Inhouse上班的日子是我的甜美回憶。

・・・

我喜歡上了一個同事，我想追他，而告白需要藉酒壯膽。

記得當時我們都很害怕客人點一種調酒「環遊世界」，混合六大基酒、甚至在表面將酒精濃度超過75％的「百加得151」點燃製造火焰效果。每當只要客人點了這杯，我們大概就要準備清掃打碎的杯子或嘔吐物了。

「等下給我一杯環遊世界！」即將下班前，我豪氣地對吧檯說。

「搞這麼大？好喔！祝妳好運！」全店的同事都知道我想告白。

當晚下班後大家相約去唱KTV，包括我喜歡的那個男生，但之後的記憶一片模糊……我完全不記得自己是怎麼告白的，但聽說他一直在照顧因爲酒醉而嘔吐的我，然後我們就在一起了。

環遊世界是我這段感情中唯一的味覺記憶，從此之後這輩子我再也沒喝過這個鬼東西。而那段感情就像嚴重暈船一樣生不如死，最後草草而終。雖然有種還沒開始就結束的遺憾，但毫無美感，失憶換來的只有懊悔。

前男友同事之後就離職出國留學了，我留在店裡並不尷尬。但我眞正的痛楚，是在沒多久之後，面試我的店長、也就是我兒時玩伴的離世。她因爲感情因素而選擇折斷了自己的羽翼，新聞鬧到舉國震驚。從此之後，我的人生完全改變了。

第 20 道

錢櫃KTV皮蛋瘦肉粥

很難想像KTV裡的粥品，
居然是用廣式生滾粥麋的煮法，
粥底本身味道濃郁，皮蛋只是切過丟下去未經烹煮，
所以還能嚐到彈牙口感，而豬肉軟嫩沒有過多調味，
點綴上夠老、夠乾的老油條。

年輕時常常去夜唱，尤其 Lounge Bar 的工作下班後總會跟同事一起唱到早上才回家，但我其實從某個階段後就再也沒去過KTV了——就是自己演出了MV之後！因為每次只要去唱歌，朋友會故意點有我演出的音樂錄影帶，還一定會把麥克風遞給我，我不但要看著螢幕上自己的大臉唱歌，也必須現場「演出」劇情炒熱氣氛，實在有夠尷尬。

最熱門的應該是蔡健雅的〈雙棲動物〉吧？還有〈假想敵〉，那時我跟賀軍翔才二十二歲。之後是嚴爵〈暫時的男朋友〉，還有陳勢安的〈好愛好散〉。

一支音樂錄影帶才幾分鐘，但拍攝前置作業極繁複，劇組會花上非常多時間在換景、打光與移機位。去過拍攝現場才會知道，最累的絕對不是演員，但得到最多光芒與報酬的也是演員。

⋮

回想起KTV最時興粵語歌的那個年代，大家必點鄭秀文〈眉飛色舞〉、鄭伊健〈極速〉、黎明〈呼吸不說謊〉，還有陳慧琳……進入慢歌階段就是王菲、張學友。包廂內有好幾種人：瘋狂唱歌的人，一直喝酒划拳的人，伴唱和幫人拍手吆喝、切歌的助理型小天使，還有默默吃東西的人，那是我最能認同的角色。

我喜歡錢櫃KTV，不是為了唱歌，而是為了美味食物。雖然牛肉麵支持者是壓倒性多數，但我喜歡皮蛋瘦肉粥，很難想像ＫＴＶ裡的粥品居然是用廣式生滾粥糜的煮法，粥底本身味道濃郁，皮蛋只是切過丟下去未經烹煮，所以還能嚐到彈牙口感，而豬肉軟嫩沒有過多調味，點綴上夠老、夠乾的老油條。

無論早唱、夜唱、吃飯時間唱、點心時間唱，來碗皮蛋瘦肉粥都很合理，我去ＫＴＶ不是爲了唱歌，完全是爲了吃粥。

我甚至在家研究出做法，目的就是想自製錢櫃的味道：

① 大骨湯兌清水一比一，把洗好的少量生米放進去煮，煮到米粒開花。切記一定要用生米，熟飯不會開花。

② 豬肉先用米酒、鹽、胡椒、一點小蘇打粉、玉米粉醃製二十分鐘，小蘇打粉是特殊口感的關鍵。

③ 把醃好的豬肉、切丁的皮蛋丟進生滾粥裡，豬肉熟了就可以吃了。更好吃的做法：把皮蛋跟生米拌在一起醃一個晚上，然後再一起丟進高湯熬煮。

從此之後，ＫＴＶ這場所對我來說就再也沒有吸引力了。

第21道

2nd FLOOR 門口的打香腸

「打香腸攤賣的香腸一定比普通賣烤香腸的好吃。」
油脂滴落到烤架散發出帶有糖蜜般的焦香，
骰子敲擊瓷碗的清脆聲響填滿夜晚到深夜之間的空檔，
讓這個城市不至於顯得太過清醒。

在那個日夜顛倒的日子，我每週都有一天要到台北市和平西路的德國文化中心學德文。德文課結束後，我總獨自走到和平東路上的啤酒屋，通常選擇坐在面向門口的位置，然後點一罐金牌台啤跟三杯透抽之類的熱炒菜。

過個馬路就是台北知名 Techno 舞廳 2nd FLOOR，路程約兩分鐘。到了接近午夜，就可以看見大量準備進入 2nd FLOOR 狂歡的人們排了好長隊伍。夜店此時還沒開始營業，但香腸攤的阿伯已經把骰子及瓷碗設置好了。不知情的街坊鄰里經過，可能還會以爲這家香腸攤生意好得離譜。

打香腸是台灣特有的文化，連夜市都不一定有打香腸攤，但夜店門口往往會有，你可以用二十元向老闆直接買香腸，或拿來押注賭一把擲骰子，贏了有多幾根香腸。

「打香腸攤賣的香腸一定比普通賣烤香腸的好吃。」許多叔伯輩的人有這樣的認知。

油脂滴落到烤架散發出帶有糖蜜般的焦香，骰子敲擊瓷碗的清脆聲響填滿夜晚到深夜之間的空檔，讓這個城市不至於顯得太過清醒。香腸攤那種使用發電機做爲動力、類似漁船吊燈的昏黃燈光，往往帶有把人群吸引進去的魔力。仔細點也可以聽見發電機馬達的運轉聲，跟樓上規律的 Techno 重低音是完全結合在一起的：咚茲咚茲咚茲……彷彿心跳的頻率。

・・・

我的德文老師是一位金髮、約四十歲左右的日耳曼女人，她曾經對我說：「妳是一個感性的人，跟德國人的個性不太像。」

但我厭惡自以爲是的浪漫、沒有精準秩序的社會，德國人至少願意面對痛苦，並不會把一切都塑造得溫馨美好。

「Eins, zwei, drei, vier, fünf……」（德文：一、二、三、四、五）我在 2nd FLOOR 旁的海產攤喝啤酒時，也會閱讀課本中的數字。

課本裡頭的字句都排列得整整齊齊，似乎就這麼佇立在該屬於它的格子內，由左至右唸過去，行末的最後一個音節總靜靜地凝視我在閱讀它的嘴臉，沉穩接受我那從上至下的審視，沒有侵入性或反抗性的回應。但當我沉浸此錯覺一段時間，猛然抬頭，卻發現等待入場的舞客們也盯著我看的那刻，頓時我會陷入嚴重昏厥的迷離感，我會照著香腸攤發電馬達的運轉聲搖晃身體，並把釘狀舌環在上下兩排牙齒間摩擦出喀喀的聲響。

我覺得頭顱很重，也會感受到所有聲音跟節奏都無限放大延長。當我規律地把後腦杓往梁柱上輕輕撞擊時，一種游絲狀的震波會經由耳膜穿刺到瞳孔，一點一滴把我的靈魂抽離出來。視線上開始分不清處三杯透抽跟炒海瓜子之間的焦距，漸漸左邊與右邊的感知相互倒錯……

一切都糊在一起，但又當一切的一切都幾近混沌地轉動時，我仍可以清楚看見所有亮光在放大，昏黃的漁船用燈火似乎伴隨著空間中無形的節奏在閃爍。每當進入這種感覺之後，我才敢自己一個人走進 2nd FLOOR……

・・・

我把雙手插入黑色夾克口袋中，向通往三樓的階梯走去，頓時我發覺自己在人群之中是隱形的。或許因爲穿著全身深色的服裝，在紫光燈照射下是完全不可見的，我能在與陌生人的推擠中，近距離觀察這些瞳孔放大的美麗男女。

走上三樓後，還可以看到靠著牆邊擺放的小沙發上，有男男女女在抱著對方舌吻，他們的舌頭濕黏地交錯糾纏，但看得出來他們完全不需要對方，對方的舌頭只是一個工具，就像我舌頭中的釘子一樣，只是一個合金或塑化而絕非生命體的物質。

我倚著欄杆俯瞰二樓的ＤＪ台，舞池中的人群就像蜂巢裡的工蜂一樣在集體攢動，他們的組織跟所有群居動物相比都特別地多，他們在意識上是完全不需要對方的，但他們必須跟群體在一起才能有這種意識。

最後獨自走出 2nd FLOOR 時已接近天亮，香腸攤也早已打烊，那股油脂的甜香還遺留在人行道磚上，令我感到反胃。

⋮

過了數個月，抑鬱的我再也沒有進去過 2nd FLOOR，當我來到同樣的海產店喝著啤酒，配合店內龍千玉的歌聲、門口香腸攤的馬達運轉聲……我往往會達到那種類似 Drug Overdose（藥物過量）的境界，而不需要承受人群恐懼症狀的心理負擔。

又有一天，我突然想停止這種怠惰的生活，結果跑去德國文化中心申請停課，把保證金跟可以退的學費都拿了回來，然後就再也沒踏進過捷運古亭站那一區，所以後來 2nd FLOOR 歇業也是別人告訴我的。自此之後我再也沒去過那間夜店，也才想起自己根本沒吃過那攤香腸，這是屬於二〇〇二年台北的迷幻記憶。

第
22
道

廉價吐司麵包

暴食期我最常吃的食物是什麼？
麵包，精緻吐司麵包……
因為單純、便宜、好吞、容易取得。
咀嚼著澱粉轉化而成的細緻甜味，讓人產生暫時的愉悅感。

自從憂鬱症爆發之後，我好長一段時間再也嚐不到食物的味道，在鎮定劑藥物的作用下，我變得恍神、分不淸晝夜，然後在不知不覺間，厭食症就找上我了，那是我重鬱期間過得最痛苦的一個階段。

憂鬱症指的不是永無止境的委靡，而是區分爲「鬱期」與「躁期」，就像無法平衡、相互撕扯的黑與白。我在躁期會極度亢奮、天天找朋友聚會、不睡覺，然後說謊、講大話，甚至讓另一個人格霸占自己。

躁期時我會燃起源源不絕的創作力，留下一篇又一篇的散文；但每當回到了鬱期，我會把手機關機、刪除社群檔案，也刪除所有存檔的作品，就像是想抹除自己曾存在於這個世界上的證明。

但做了之後我會後悔，我會想結束自己，於是吞下更多的鎮定劑，讓靈魂躲進深淵熟睡。面對巨大的不合時宜感，從此之後我只想往越來越黑暗的方向走去。有人說過幸福的童年能療癒一生，不幸的童年要用一生去療癒；但我當時沒有打算療癒任何事情，我只想把自己砍掉重來。

厭食症也不是單純地拒絕任何食物，通常厭食與爆食會交互而來。

「我好醜，我沒有資格吃東西。」

「我沒有用，大家都討厭我，我沒有資格攝取養分讓自己活下去。」

因此我不吃東西，並不是因爲我不餓。

飢餓到一個程度，身體會反撲，於是我一口氣吞下大量的食物、催吐，再吃、再催吐……無限重複這個地獄般的循環。

・・・

暴食期我最常吃的食物是什麼？麵包，精緻吐司麵包。

許多厭食症患者都會選擇麵包，因爲那是升糖指數高、直接快速的碳水化合物，是身體在呼救的選擇。至於爲什麼是吐司？因爲單純、便宜、好吞、容易取得。咀嚼著澱粉轉化而成的細緻甜味，讓人產生暫時的愉悅感。

那段日子吃過了無數無味的吐司，甚至有一段酗酒的歲月，廉價烈酒也是熱量、也會覺得飽足，作嘔時若看到紅紅血絲，我會覺得滿足，因爲感到距離生命的結束又更近了一步。

即使在我憂鬱症已經痊癒了很久之後，每當看到在開心吃著麵包的人我都會很羨慕他們，因爲催吐時混合著胃液的酸臭味是我的創傷印記，這個食物對我來說負面記憶比例過大。

第23道

敦南誠品LAVAZZA的卡布奇諾

LAVAZZA 卡布奇諾的口感是平衡的，熱牛乳配上焦香味不明顯的義式濃縮，嚴格來說不是能把人從夢中喚醒的味道，但書店需要的就是一種昏昏沉沉的氛圍。

千禧年後的台北是什麼味道？有一些夜晚我會選擇保持清醒，瑟縮在敦南誠品的某個角落、徹夜讀幾本書，那段時間很沉迷於伊斯蘭背景的文學故事，奧爾罕・帕穆克的著作《我的名字叫紅》帶給我很大的震撼，當沉浸在故事情節中的時候，我甚至能看見土耳其帝國的街景：犬吠聲、小販的臉孔、細膩而驚悚的案發現場……那幾個小時，我的靈魂並不存在於台北市，直到某個味道把我喚醒——應該是LAVAZZA咖啡豆的氣味，還有熱卡布奇諾奶泡上的柑橘皮。

年輕的我對於咖啡品牌什麼的搞不太清楚，也沒興趣，但LAVAZZA卡布奇諾的口感是平衡的，熱牛乳配上焦香味不明顯的義式濃縮，嚴格來說不是能把人從夢中喚醒的味道，但書店需要的就是一種昏昏沉沉的氛圍。我試圖在深深的夜裡提神閱讀，但我又不希望把世界看得太清楚，所以來這兒點一杯口感曖昧的咖啡。

柑橘皮細絲的芬芳令人愉悅，即使坐在二樓座位上，還能聽見顧客謹慎踩踏著木頭地板的聲響。每個在夜晚來到敦南誠品的人，千禧年後的台北確實是這樣的。

・・・

二〇〇九年，我出版了第一本著作《吃人的街》，是一本長篇科幻小說，總共十一萬字，因爲劇情太沉重、世界觀也太複雜，寫到我頭都昏了。

「任何一個處在正面情緒的人，都必須對失落、悲傷、絕望的人產生名爲『愧疚』的病態同情，這種定義是思想上的極權共產，在自己未認知的狀況下去實踐這定義的老百姓，就道德上而言是可惡的專制者。可喜可賀的是，我到現在還依然堅定地認爲，這東西天生就不存在於我的腦內。」這是《吃人的街》當中的其中一段，主角是個既狂傲、反社會又悲傷的落魄富二代，其中一半以上的篇幅都在撰寫他殺人的情節。我喜歡在自己編著的故事中成爲一個形而下的惡人，我的腦中有很多憤怒，但在這個矯揉造作的世界不能恣意地發怒。

第一場新書發表會舉辦在我常造訪的「咖啡黑潮．Cafe Kuroshio」，當時到場的讀者只有十四個人，但我受寵若驚，沒想到居然有人默默關注著我、願意閱讀我的文字。而身爲一名在敦南誠品長大的小文青，有朝一日能在誠品舉辦發表會當然是我的願望清單，於是我請出版社去積極洽談，令人失望的是，我被否決了……

當時誠品書店正在面臨重大的轉型，以商場爲主要事業、書店也以能暢銷的商業書籍作主打，對於小眾純文學來說根本沒有生存空間。可想而知那本書銷售非常不好，但好幾年之後《歐陽靖寫給女生的跑步書》獲得了空前的成功，我意外地成暢銷作家，受邀在誠品辦了好幾次發表會，卻已經完全失去對這塊聖地的感動。

帶有一點怒氣，那個熱情，就隨著 LAVAZZA 卡布奇諾的咖啡香消散了。二〇二〇年，敦南誠品停業，一切只留存在我的記憶裡面，毫無遺憾。

第24道

東區日式關東煮

福袋、鱈寶、黑魚漿片……

這些在台灣不常見的日本正統關東煮材料，

都用十倍以上的高價販售……沖印藥水是臭的，

而日式關東煮的人工柴魚湯頭很香，那是選對人生方向的味道。

在信義區的 Lounge Bar 工作了一段時間之後，我還是決定辭職了，當時的我實在太著迷於攝影，在那個數位相機解析度還抵不過底片機的年代，學攝影是一筆很大的開銷，不但要買相機，還要買底片、沖洗底片、沖印相片……這些都是花費。

把夜店服務生的工作辭掉了，我要怎麼應付這筆費用？事實上我找到了另一份工作：相片沖印店的沖印師。那間沖印店位在台北東區，店長也是攝影愛好者，對於店員下班後偷偷沖洗自己作品的行為，他會睜一隻眼閉一隻眼。

我跟前輩學會了暗房手工沖印技術，還可以在暗袋中憑手感拆出底片，這是沖洗拋棄式即可拍相機時需要的技能；關於底片與調配藥水的知識是自己苦讀的，店長還教了我 Photoshop 的修圖跟圖層操作，然後我再自學 Illustrator……這些邏輯的東西對身為理組生的我來說並不難。

記得第一次對母親說我想學攝影時，媽媽斬釘截鐵地拒絕了，因為那需要花很多錢，而我們家也確實沒有錢。我思考出的第一個辦法是：去當攝影助理，沒有薪水但可以跟著攝影師學習，後來發覺來這間沖印店店工作不但有少少薪水，還可以學後台技術。

那段日子好快樂。我們店負責沖洗附近派出所的檔案照，所以每天都可以偷偷對很多「歹徒」的臉品頭論足。如果是文青型的年輕人走進來，我們大概就知道他要洗 LOMO 相機，客人通常會要求把底片「增感」，因為對玩家來說 LOMO 感越重越好，但我們通常會勸他照一般沖洗，我們在相片沖印時再替他後製調對比，不然底片「增」過頭就沒得救了……但其實是「增感」要換藥水，我們懶得換。

如果是個爸爸走進來，掏出一堆底片，就是要洗一百張看起來都一模一樣的小孩照；如果是個阿姨走進來，大概會洗出一堆跟各種花叢的到此一遊觀光照。

某次兩位長髮的年輕人走進來，說：「有在洗正片嗎？」

我們說有，然後收了件他們就走了，什麼都沒多說，但店長覺得一般普通人不會用正片拍照，所以囑咐必須加倍小心沖洗，結果沖洗出來，居然是西藏喇嘛跟蒼鷹的珍貴大片！我那時從來沒有出過國，對世界充滿嚮往，這些客人的紀錄都一再地震撼了我。或許某一天我也可以像他們一樣，帶著相機、走向世界的另一端，把小小的生命放大吧？

．．．

一天店長對我們說他要與朋友合夥投資餐飲，是賣高檔日本關東煮，店面就開在附近。從那天之後，店長幾乎就沒再進店了。我在沖印店下班後就到關東煮店幫忙打零工做前置作業、聽店長說八卦，還可以拿點薪水。

「今天晚上台灣首富要來喔。」店長說。

「什麼！他要來這種路邊的店吃東西？」雖然覺得驚訝，但我也很清楚這裡的定價一點都不路邊，吃得開心一點每人千元以上跑不掉。

只見工讀生把一大包的烹大師粉往鍋子裡頭倒，原來高湯是這樣來的！當時我才二十歲，人生中沒吃過什麼厲害的東西，這加工柴魚高湯的刺鼻味在腦海中散之不去。福袋、鱈寶、黑魚漿片……這些在台灣不常見的日本正統關東煮材料，都用十倍以上的高價販售，店長的笑容越來越燦爛，難怪他再也不管沖印店了。店長是個聰明人，沖印藥水是臭的，而日式關東煮的人工柴魚湯頭很香，那是選對人生方向的味道。

・・・

到了某一天，我絕望地放棄攝影，就像在封存人生中晦暗的記憶。我一邊用力敲自己的頭一邊嚎啕大哭，身體再痛也比不上面對現實的痛。

再過十幾年後，我在東京下町的居酒屋吃著便宜到不行的關東煮，湯頭一喝就是純天然、絕對不是「烹大師」。當時我成爲了日本太太，花光自己的存款鼓勵極有天賦的另一半成爲攝影師，買了一台單眼相機送給他，丈夫一開始連光圈快門都搞不懂，還是我教他的，但他成名後絕不承認自己曾被一個女人幫助過。

攝影、日式關東煮，或許全世界只有我的人生會把這兩件事跟心痛的感覺連結在一起。

第 25 道

梅門刀削麵

那個刀削麵的配料非常單純，
不是配番茄湯就是配豆乾炸醬，沒有加工品或素料，
但對我來說卻是人生第一次嚐到原味麵團最單純的嚼勁與香甜。

二十幾年前醫院開的那些重鬱症藥物，後來好多都被改列爲管制藥品了。在那個大家對憂鬱症還充滿偏見、醫治也不發達的年代，患者吃了所謂的「抗鬱劑」，總是陷入一個健忘與遲緩的狀態。不思考就不會痛苦；但可悲的是，沒有事情會被遺忘，只是看你想不想得起來。

當藥效退去，記憶中的黑暗又會將人再度吞噬，只好再度服藥以延續生命。日復一日、年復一年，無法靠自己的身體感受飢餓、飽足，或是清醒與沉睡……我不想再過這種日子了。

二〇〇四年，兒時玩伴的逝去占滿新聞版面，突然受到媒體矚目的我也成爲箭靶，大家罵我藉著別人的生命來賺曝光度，我氣到滿肚子髒話……很好，憤怒很好，怒氣是讓人往前衝的動力，畢竟當時的我形同站在不斷崩塌的懸崖邊，只有往前跑才能得救，只有我自己能救我自己。

我到了精神科門診問，對醫師說：「我想要停藥，我想要結束這一切。」

「藥物絕對不可以一次斷，要慢慢減量！」醫師警告著。

吃了這麼多年的藥物，說沒有成癮是不可能的，如果突然完全停藥可能會出現嚴重的「戒斷症狀」，到時候身體反撲將有更大的危險性！但就在一個晚上，充滿憤怒的我把所有藥都沖進馬桶裡，沒幾天之後，果然進入了極度痛苦的階段……

我不斷嘔吐、連黃綠色的膽汁都嘔了出來，全身發抖、打冷顫，還不由自主地抽搐……我全身都痛，站著也痛、坐著也痛、躺著更痛，像是有一條無形的巨蟒在我體內亂竄、把五臟六腑都搞爛，最後甚至出現了幻覺，我聽到爸爸的聲音在呼喊我的小名：「蓓蓓……」

當我驚然回頭，卻看到曾讓我覺得愧疚的人事物，像電影一樣投影在房間的天花板上，每個人都用鄙視與仇視的眼神盯著我看。如果我結束了自己？是不是就能結束所有罪惡感？

「我不要！」

我對著虛幻的人們大叫了一聲，他們突然消失，然後陷入一片寧靜與無盡的寂寞……我覺得好冷好冷，瑟縮在牆角顫抖，身體還是非常疼痛。我能理解醫生所說的「危險性」是什麼了，戒斷時的副作用可能會讓人做出失去理智的事情。

但此時我的貓咪大寶突然走來摩擦我的小腿，牠好溫暖好溫暖好溫暖……我抱起軟綿綿的牠，對牠說：「謝謝，我撐得過去。」

大約一週後，我重生了。

・・・

當我能感受到飢餓、食慾與飽足，嚐到食物的美味，能累了就睡、睡飽就清醒……我知道自己已經完全痊癒，但我想把身體「弄乾淨」，於是決定過長達兩年只吃原型蔬食的植純生活。

瘦弱的我還沒有力氣運動，而媽媽因緣際會認識了梅門的李鳳山師父，我就跟著梅門練功，簡簡單單一個平甩功就讓我的身體舒服很多。梅門當時有開素食餐廳，其中一道料理是刀削麵，在廚房切麵的是功力非常深厚的師兄，專心做料理對他來說不僅僅是練功，也把自己飽足的「氣」傳遞進菜餚、分享給每個吃麵的顧客。

那個刀削麵的配料非常單純，不是配番茄湯就是配豆乾炸醬，沒有加工品或素料，但對我來說卻是人生第一次嚐到原味麵團最單純的嚼勁與香甜。

那兩年是我人生的中場休息時間，我除了工作之外就是心無旁騖地調養自己，對於梅門我覺得非常感謝。在此之後，我再也沒吃過如此美味的刀削麵條了。不只是飽足，還補足了精神與元氣，我的人生繼續走了下去。

第
26
道

從地下社會散會後的鴨肉麵

麵條用的是家常扁麵，湯頭是清澈的大骨湯，
加上一點燙青菜……又熱、又油膩，
桌上自由舀取的辣油辣椒很夠勁，
略重的調味與味精剛好能喚醒被酒精麻痺而腫脹的舌尖。

我的青春歲月中很重要的一塊舒適圈叫做「地下社會」Live House，二〇一三年之後，師大路那道通往地下室的樓梯已經再也無法抵達當初的烏托邦。

對於年輕時期的我來說，夜晚清醒地步行進入陰暗而散發霉味的空間，才是一天的眞正開始。搖滾樂、香菸、啤酒與說著幹話的中年人、流淚的年輕人……每當樂團表演結束，大家總會留下來繼續聊天直到早晨，腦袋還保有理智的人們會相約到附近的麵店吃早餐，那間攤子沒店名，就是「師大路無名鴨肉麵」，顧店的阿姨一大清早便開賣，品相不少，雞肉麵、鴨肉麵、冬粉、麻醬麵、炸醬麵、餛飩跟各種黑白切。

雖然我們都稱呼它爲「鴨肉麵」，但當時戴著牙套，牙口不好咬不動柴韌鴨肉的我總是選擇雞肉麵，麵條用的是家常扁麵，湯頭是清澈的大骨湯，加上一點燙青菜……又熱、又油膩，桌上自由舀取的辣油辣椒很夠勁，略重的調味與味精剛好能喚醒被酒精麻痺而腫脹的舌尖。我還會配上一份白切肝連肉，淋上的鹹醬油膏中也是有不少味精。對，「味精」有人厭惡，但這人工氨基酸的刺激卻構成了台北許多小吃攤的獨特味道，我對它並不反感。

飽足的一碗湯麵下肚後，天色才亮了起來。比起味精，地下社會子民們更討厭的是陽光，太陽出來就表示眞實的一天結束了。我們各自回家，與自己的快樂與哀愁說再見，繼續回到那個沒有搖滾樂、沒有愛與吶喊的虛幻社會。

⋯

每天每天，我總是期待著夜晚的來臨，那是最令人感到心安的循環，帶著狂歡後的迷幻意識爬上地下社會的階梯，然後醉醺醺地走在師大路上。鴨肉麵攤在晨曦未明的昏暗燈光下，就像是現實與進入幽冥的結界線，唯有吃完那碗湯麵後才得以步入另一個世界。但哪裡是現實？哪裡才是幻想？

某一天，地下社會的子民們舉著標語、旗幟到立法院請願，希望修正 Live House 音樂展演空間的營業法規，而不讓這個孕育台灣無數音樂人才的場所被扼殺。之後地下社會停業，許多人落淚了，但故事永遠存在。

第27道

通化街胡記米粉湯

我自從兒時搬來信義區之後常造訪的小吃，
我其實是在這裡認識並愛上豬內臟黑白切這種美味，
肝連、豬皮、小腸這三樣我必點，
然後再配上與大骨湯一起燉煮過的油豆腐。

「這是米粉湯？」龐克頭朋友的面容滿是疑惑。

「是啊！是米粉湯啊。」我根本不知道他在疑惑些什麼？

朋友回頭凝望攤位上大大的招牌，寫著「專營豬內臟・米粉湯」，然後他居然又問了一遍：

「這眞的是米粉湯嗎？不是米苔目？」

「是米粉湯啊！」

此時老闆一邊端上兩碗米粉湯給隔壁客人，一邊喊著：「米粉湯，燒喔！吃完可以加湯！」

朋友還是滿頭問號地說：「這是米粉湯？」

天啊！我眞的不知道他在搞什麼，台中人沒吃過米粉湯嗎？

當年我十幾歲，台中樂團的朋友也是第一次自己來台北玩，我盡地主之誼帶他去通化街夜市吃小吃，沒想到他竟然吃得一臉錯愕。

・・・

臨江街夜市裡的胡記米粉湯，是我自從兒時搬來信義區之後常造訪的小吃，我其實是在這裡認識並愛上豬內臟黑白切這種美味，肝連、豬皮、小腸這三樣我必點，然後再配上與大骨湯一起燉煮過的油豆腐。以路邊攤用餐環境品質來說不算便宜，ＣＰ值低，但台北市黃金地段就是這樣，又濕又冷又吵，能飲下一碗濃郁純白的熱湯已經是至高享受。白胡椒粉記得加多一點，米粉吃完了還能續湯。

除了胡記，我也滿常去廖嬌米粉湯，同爲配上與內臟一起熬煮的豬骨湯，再撒上胡椒粉、芹菜或香菜。另外長沙街上的古早味米粉湯則不是豬骨湯底，而是像鹹粥那樣的油蔥高湯。

對台北人來說「米粉湯」就該如此，粗粗胖胖的麵體，至於細絲般的新竹米粉，只會出現在「炒米粉」或是「貢丸米粉湯」、「芋頭米粉湯」裡面，這是我直到十五歲前都堅信不疑的道理。

．．．

下一次輪到我去台中參加龐克音樂祭，換朋友帶我去吃小吃了！熱愛米粉湯的我看到菜單上有當然就點了下去，結果老闆端上來的是一碗切仔麵清湯的細米粉淋上肉燥……

「這是『米粉湯』？」換我這樣問了。

「這才是米粉湯！你們台北那種是米苔目啦！」台中朋友說得有點生氣。

好，原來在青春期給予我精神爆擊的不只有龐克搖滾樂，還有台灣的飲食文化差異。

台灣明明這麼小，但北中南都不一樣，後來我才知道粗米粉只流行於埔里以北，中南部則是細米粉跟口感較Q的米苔目，米苔目的製程材料與粗米粉不同，常有人搞錯，但從小吃粗米粉湯的台北人卻能分得很清楚。至於爲何台南小卷米粉湯使用的卻是和北部相同的粗米粉？這也是個謎。有趣的是，我發覺許多台南人認爲小卷米粉湯的那種粗米粉是台南特有，所以到底是北傳南還是南傳北？又爲何跳過南北中間所有的縣市了？

二十幾年過去，現在全台灣都能吃到豬雜白湯的那種粗米粉湯了，但大都會標示爲「台北口味」。長大之後，我才知道還有滷肉飯、肉燥飯、控肉飯的名稱之爭，以及肉圓的中南之戰。

對我來說，龐克頭朋友的疑惑神情，永遠是跟粗米粉湯的味覺記憶連結在一起。

第28道

台北牛肉麵

小孩子似乎不會喜歡牛肉麵？
尤其紅燒牛肉麵，
調味不是有五香、八角，就是略帶辣味的豆瓣醬，
清燉牛肉麵又有股濃濃蒜味，
配上有嚼勁的麵條、大塊牛肉、牛筋……

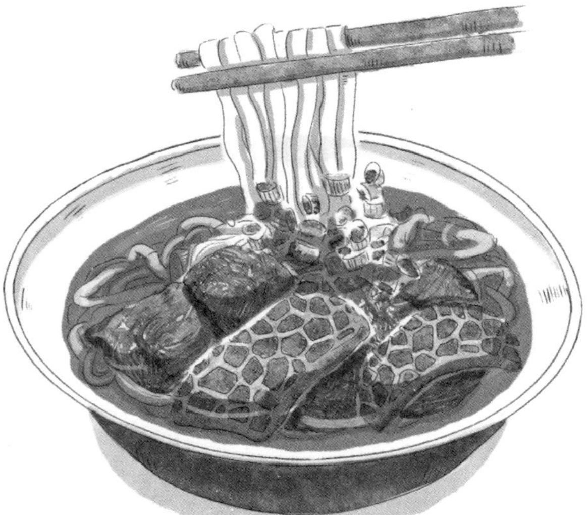

外婆以前在台北市羅斯福路開過牛肉麵店，店名叫「譚媽牛肉麵」，招牌菜是外省口味的番茄牛肉麵，但因爲當時我年紀還很小，對味道沒任何印象。

小孩子似乎不會喜歡牛肉麵？尤其紅燒牛肉麵，調味不是有五香、八角，就是略帶辣味的豆瓣醬，清燉牛肉麵又有股濃濃蒜味，配上有嚼勁的麵條、大塊牛肉、牛筋……

小孩吃了也只會說：「我咬不動！」然後整坨吐出來。

我家吳興街的穆記牛肉麵，就是小孩子不愛的那種，口味太重，但斤餅跟小菜非常美味，長大之後我卻常帶日本朋友去吃。

唯有一次搭上計程車跟司機說：「要去穆記牛肉麵！」

結果政治立場鮮明的司機拒載，還把我給罵了一頓，說那是間給某總統開假發票的店，怎麼可以讓他們賺錢？

我覺得又好氣又好笑，把狀況翻譯給朋友聽，日本美食家朋友卻聽出重點：「牛肉麵有分成台灣跟中國口味啊？」

他這樣一問也點醒了我，讓我開始回想自己喜歡的到底是哪種牛肉麵？

小時候第一次吃到喜歡的牛肉麵，居然是三商巧福，三商巧福的湯頭清淡又帶有股甜味，沒什麼香料，雖然肉咬不動，但卻是大家都可以接受的安全調味，再加上招牌酸菜，難怪能屹立三十幾年。

但長大之後，就覺得三商巧福不夠味，二十幾歲常混夜店時最喜歡林東芳，半夜喝得醉醺醺，一大勺辣牛油溶進蘭花干才能喚醒味蕾，連小菜的花椰菜都有著滿滿生大蒜，客層不是年輕人、就是來幫酒店小姐外帶宵夜的司機，店面很簡陋、定價很昂貴，門前就停著第二代老闆的名車，但生意還是絡繹不絕。幾年之後，林東芳的口味出現斷崖式的崩跌，不只調味變了，還能明顯吃出成本下降。

愛吃牛肉麵的朋友們紛紛探索新店，其中在我家附近的「林家牛肉細粉」被美食部落客發掘，因爲它跟林東芳同樣有著辣牛油，所以被查出是林東芳爸爸的店。林家牛肉細粉的湯頭跟林東芳完全不一樣，是藥膳味很重的清燉湯底，其實我覺得跟辣牛油不合，但他們家的牛雜非常好吃，而且CP值很高。

最有趣的是混在他們家的幾隻胖橘貓，那其實不是他們家養的貓，而是隔壁藥局養的，因爲林家老闆會餵附近浪貓吃牛碎肉，那幾隻胖橘貓就假裝自己是浪浪，從此之後待在店裡，連客人來了都不讓座。

還有一間牛肉麵我滿喜歡的，就是史記正宗牛肉麵的濃白色清燉湯底，老闆史大正跟黑武士麻辣鍋、瑪哪牛肉麵的老闆是兄弟姊妹，他們家族是牛肉料理專家。

有一次我問老闆史大正：「你們的食譜祕方是哪裡來的？」

我以爲他會說是家傳，結果老闆說：「教會。」

另外韓記老虎麵是一個人想吃麻辣鍋時就會來一碗，當然那湯底已經超出傳統牛肉麵的範疇了。如果不想喝湯，我就會到信維市場吃牛肉乾拌麵，是糟糕用餐環境的極致美味。

在台北住了三十幾年，明明就吃過很多牛肉麵，但我還是搞不清楚自己喜歡的牛肉麵是哪種？甚至，牛肉麵依然不是我最愛的料理之一。現在偶爾會去吃三商巧福，我吃的不是牛肉麵，是酸菜。

前陣子聽朋友說混在林家牛肉細粉的大橘貓已經上天堂了，後來愛貓的老闆自己也上天堂了，對我來說是個該封存的美好回憶。

第 29 道

天香樓 龍井蝦仁

龍井蝦仁是用小河蝦手工去泥剝殼後，
漿上打過的蛋白，再過油後佐以龍井新茶葉，
無論是蝦肉結實卻不脆口的口感、
清甜與油潤，還有明顯的茶葉的清香都完美平衡……

我很少提起自己的前幾段感情，各有原因。我的初戀是在一片混沌中開始與結束，沒經歷太多故事，只記得對方最後的一句：「對不起，我不知道怎麼愛妳。」

看似委婉的一句話帶有強烈殺傷力，我很淸楚對方的意思是：我不想花時間跟力氣去愛妳。

每個女孩小時候都夢想當公主、想成爲大家的目光焦點，一旁有父王母后呵護著，但隨著長大與社會化，有些女孩卻拔除身上閃亮的彩虹羽翼，進入暗黑的森林，披荊斬棘、甚至弄得髒兮兮，只爲了能更接近遠方那看來像是王子的某人……在沼澤深處迷路後，卻再也走不回城堡了。

每當不被愛了，我總是解離出來告訴自己：是妳不夠好。

我對網路上任何關於感情的雞湯文都嗤之以鼻，但有一句話滿喜歡的：「不是每段感情都有結果，通常只是讓你知道了很多好餐廳。」

確實，我的每一段感情都逐漸完整了生命中的美食地圖。故事不一定有結果，我也不想重返難堪離合的記憶庫，只有味覺的美好不會消逝。

．．．

我不是一個快來快去的人，最久的一段感情維持了將近十年，我至今人生四分之一的時間。

永遠記得剛開始約會時，他把我帶去亞都麗緻天香樓，侍者幫我拉開椅子、披上餐布，就這麼幾秒鐘，我覺得自己成爲童年夢想中的小公主。

他點了東坡肉、水晶肴肉、莓汁番茄、燻蛋、爆鱔魚、豌豆雞絲、宋嫂魚羹、煨麵……還有龍井蝦仁，那是我印象最深刻的一道菜。

龍井蝦仁是用小河蝦手工去泥剝殼後，漿上打過的蛋白，再過油後佐以龍井新茶葉，無論是蝦肉結實卻不脆口的口感、清甜與油潤，還有明顯的茶葉的清香都完美平衡，是一口咬下會驚嘆出聲的美味，價格也令人驚嘆。

雖然自從那段鑲金的關係結束後，我就再也沒有過那種被疼著的感覺，但味道永遠留存著。我至今依然很感謝當時的男友，他在這個家世永遠配不上他的二十幾歲龐克女孩身上花了不少錢，帶我見世面、吃好餐廳……但人生繞了好大一圈、跌了無數的跤，我已經載著滿滿回憶找到我應該存在的地方了。

第30道

橘色涮涮屋的戰車龍蝦

戰車跟一般龍蝦長得很不一樣，
戰車必須吃活體，肉質比龍蝦緊實，
卻無法像龍蝦一樣煮熟後冷凍，
因爲美味度差異極大、養殖儲存難度高、單價高，
因此有供應活戰車的餐廳並不多。

爲什麼年輕人願意吃一頓好幾千元的高級餐廳？因爲月收不到三萬元，就算省吃儉用存一輩子也買不起車子、買不起房子，而吃一頓大餐卻能換來滿滿的優越感與幸福感，還能餵飽手機、上傳社群，順便在同儕間賺幾個羨慕嫉妒。二十出頭的我，就是這種年輕人，對未來沒期待，卻對社會存有滿滿抱怨。當時雖然沒有經營社群，但我很享受於吃高價位美食的尊榮感，那讓我覺得活著眞好。記得某年的聖誕節大餐是台北的橘色涮涮屋，爲了期間限定的「活戰車」而去吃的，其實與慶祝聖誕完全無關。聖誕節時所有高級餐廳被訂滿，或許只是被作爲另一種情人節的儀式感吧？據統計，在聖誕節後結婚的人數會飆高，但離婚與分手的人數卻也最多。如果在聖誕節受孕，將會在隔年生下處女座寶寶……難怪處女座的人到處都是，我也是。

‧‧‧

橘色是台北市第一間以頂級食材爲主打的日式涮涮鍋，雖然那口味跟眞正的「日式」沒什麼關係，但從頭到尾都由服務人員動手、顧客只要出一張嘴的這種「鍋奉行」模式還是很吸引人，至少不會讓客人毀了高級食材。

前菜和風蘆筍豆腐的醬汁帶有一點哇沙比嗆度，菜盤的蔬菜也爽脆而清甜。主菜我一定會點美國牛小排而不是和牛，然後再配上時令海鮮，最後煮出來的雜炊才會鮮美有味。

那次是爲了海戰車龍蝦而來，戰車跟一般龍蝦長得很不一樣，有著圓扁的外型、短觸鬚，是蟬蝦的一種，售價比龍蝦更昂貴。戰車必須吃活體，肉質比龍蝦緊實，卻無法像龍蝦一樣煮熟後冷凍，因爲美味度差異極大、養殖儲存難度高、單價高，因此有供應活戰車的餐廳並不多。

雖對蝦蟹說不上憐憫，但每次吃這種活海產的時候，都很感謝有服務人員代勞，才不用自己親手把牠放進滾燙的鍋裡。橘色的服務人員還會幫忙切塊、把肉剝下來，帶膏的頭部則繼續放在鍋內熬煮。戰車蝦的肉非常厚實、嚼勁十足，味道則是與龍蝦差不了多少、甚至更清淡一些，昆布湯底的火鍋或清蒸確實是最適合的吃法，感謝服務人員把熟度控制得很好。

吃完戰車再涮幾片美國牛小排，穀物甜味十足，收尾則是將高湯快煮出來的雜炊粥，打入蛋花與蔥末。這一個招數的確是日式吃法，但橘色帶有粵菜特色的湯底口味卻讓這道雜炊粥變得非常有味道，每吃下一口，距離痛風發作的臨界點就越來越近。

最後的甜點是布丁或杏仁豆腐，我喜歡杏仁豆腐，並沒有太多杏仁香精的味道，但口感卻像麻糬一樣的Q潤，很有特色。至於焦糖布丁也很好吃，但就是眞材實料、甜度平衡的手工雞蛋布丁，在其他餐廳也吃得到。

那頓聖誕大餐很飽足，吃完錢包卻瘦了一大圈。無關節日，找個理由好好吃一頓也是某種慰勞自己的理由吧？日子不好過，或許也沒什麼改變的方法，但感恩自己、感恩萬物、感恩海戰車，我的滿足感維持了好久好久。

第 31 道

京都蔥屋平吉的蔥

我夾起一根烤蔥白，
幾根大蔥外層被炭火燒烤到焦黑，
鼓起勇氣塞進嘴裡咀嚼……咦？
層層葉鞘裡頭包裹著的透明黏液是什麼？怎麼會這麼甜？
這是烤洋蔥吧？而且完全沒有刺激感！

人生第一次去日本關西，是爲了跟幾個朋友一起去來自英國的 My Bloody Valentine（我的血腥情人樂團）演唱會，當時的小開男友也同行，但他對搖滾樂毫無興趣，和我的朋友也合不來。爲了討好作爲金主的男友，我整趟行程都跟朋友分開，基本上就是兩人到處吃美食約會。

抵達京都的晚餐，他瞞著我預訂了一間在先斗町的小酒館「蔥屋平吉」。昏暗燈光中，我們穿越熙來攘往的日式窄巷到了餐廳門口，當充滿期待的我，看到暖簾上那個大大的「蔥」字時，忍不住脫口而出：「我不敢吃蔥。」

我的心涼了一半，男友更是頭冒冷汗。我不敢吃蔥，生的、熟的都不敢吃，我不怕辣，卻厭惡青蔥的辛臭味。

「它也有很多不是蔥的料理啦！」男友急著打圓場，研究了一下菜單後我們準時步入餐廳。

蔥屋平吉先斗町店並不大，客層大都是年輕人，整個木製空間令人感到溫暖，店家非常親切有禮貌，尤其看我們是外國客人更是客氣。

每張桌子上都放著一個木盒，裡面裝著滿滿京都九條蔥的蔥花，是可以供人吃到飽的，聞起來並沒有刺鼻的氣味。

…

那天晚上我腦子裡有很多事情：我有點想放鳥朋友、更想脫離窮文青的生活，從此之後義無反顧地迎接自己的富貴人生。要不是有錢男友幫我買機票，我可能一輩子都沒有機會出國看到不一樣的世界。那些朋友根本不理解，他們就是什麼都不缺才會選擇過著嬉皮般的生活。

「會不會這裡的蔥眞的不太一樣？我試試看好了！」我露出虛假而溫柔的笑容。

我夾起一根烤蔥白，幾根大蔥外層被炭火燒烤到焦黑，鼓起勇氣塞進嘴裡咀嚼……咦？層層葉鞘裡頭包裹著的透明黏液是什麼？怎麼會這麼甜？這是烤洋蔥吧？而且完全沒有刺激感！我緊接著嘗試桌上木盒中吃到飽的蔥花，不但像生菜一樣淸香撲鼻，而且口感極爲爽脆，跟我以前在台灣吃過的蔥完全不一樣。

我們當然也點了招牌料理之一的烤洋蔥，就是整顆京都洋蔥拿去烤再切開，吃的是蔬果的原味，雖然品質非常好，但相較於青蔥，洋蔥的鮮甜就顯得過於合理了。

結果我整晚一直在吃蔥，生的、熟的都吃。

・・・

男友見我這麼開心，他也很開心，他開心對我來說最重要。

那幾天在京都過得很快樂，我們兩人搜尋出一家又一家的美食餐廳，每一家都想踩點；所以，我不去跟朋友赴約了，放鳥他們的當下，我腦中響起My Bloody Valentine〈Only Shallow〉的吉他獨奏，巨大的音牆堆疊出爽快感，我再也不是過去那個活得很辛苦的搖滾女孩了，是吧？

第32道

素食自助餐的假生魚片

蓮池閣有道冷盤「素食生魚片」，
其實就是用蒟蒻做成的鮭魚跟鮪魚、用椰果做成的素花枝……
外型跟真正的生魚片非常類似！
連口感都一樣，只是少了魚味跟油脂。

我對過年、除夕完全沒有好印象，小時候外婆家裡親戚還很多，過年時總被傳統觀念制約得準備一大桌年菜，而當時餐廳販售冷凍年菜這件事還沒普及，親戚們從備料到煮食都勞費心力，甚至有人累到長皰疹。

所有人都太累了：大人花一大堆錢發紅包，小朋友拿到連看都還沒看清楚，就被充公「幫你繳學費」了。大家分別躲在房間的各角落，手拿一大疊現鈔跟紅包袋，絞盡腦汁在思考：某某親戚去年包多少？今年要回包多少？會不會太多太少？仔細想想，發紅包不就是一個大人們「互相交換鈔票」的儀式感？沒結婚、沒買房買車的被數落了一圈……吃完尷尬到不行的年夜飯，負責洗碗的人在廚房一邊哭一邊洗碗、打麻將的人打麻將、嗑瓜子聊天的人聊天。

我沒有年齡相仿的玩伴，大人忙到沒時間理我，只能看著電視上千篇一律的「過年特別節目」配廉價糖果，直到深夜累了才睡去。身爲小孩子，過年對我來說並不累，但極度無聊。而大人的負面情緒我也完整地接受到了，所以我這一輩子都不可能喜歡上農曆春節吧？

我母親曾說過這句話：「過年應該要廢除吧？」

新年快樂，這實在是笑話，一年之中最不快樂的就是新年。

古人過年禮節這麼多是爲了相聚，諷刺的是，我家是直到不用相聚了才眞正感受到解脫。外婆年長後，被在中國經營事業有成的舅舅接去住，阿姨也一塊去了，然後就再也沒回過台灣。外婆還在世的時候，有好多年我都必須跟媽媽去深圳拜年，直到外婆過世之後才自由。

除夕我們母女倆會跟舅舅、外甥吃個年夜飯，因爲媽媽茹素，所以我們總是去吃素食吃到飽，當時在台北有一間「蓮池閣」餐廳，菜色選擇很多、口味也不錯，即使吃葷的人也能滿意。蓮池閣有道冷盤「素食生魚片」，其實就是用蒟蒻做成的鮭魚跟鮪魚、用椰果做成的素花枝……外型跟眞正的生魚片非常類似！連口感都一樣，只是少了魚味跟油脂。我覺得滿好吃的，沾上哇沙比跟醬油，有點像日本人常吃的蒟蒻刺身，我媽媽則是無法接受，因爲她覺得那跟眞的魚長得太像了。

仔細想想，素食生魚片是很受爭議的一道菜。葷食者諷刺素食者是「口素心不素」，明明都已經念佛吃素了，爲什麼還對這種葷食的形體有慾望？但素食者的邏輯卻不是這樣，素食生魚片、素三牲之所以被發明，反而是因爲想讓葷食者能滿足、願意妥協吃素，進而少殺生。

現在吃素早就不是只有宗教因素了，有人爲了環保、有人爲了護生……於是「未來肉」之類的替代蛋白質更普遍，甚至能做出極類似眞肉的肉汁，我覺得減少畜牧對世界是好事，那些嘲諷人家吃素食生魚片的人，其實是自己的思考邏輯太狹隘。

唯有每年過年聚餐時，我才有機會吃到素食生魚片，所以這道料理成爲我專屬於除夕的味覺記憶。不算特別好吃，對我來說當然比不上眞的生魚，但卻是讓我學會換位思考的一道菜。或許我永遠難以體會別人所說「期待過年」的感覺，但很慶幸自己的過年不用再淪於形式，學會感恩就好。

第33道

重慶小麵

細麵加上醬油、醋，以及花椒香麻味十足的辣椒油，
湯汁的量處在乾拌與湯麵的中間狀態……
看起來紅通通一碗，其實吃起來意外地溫潤，
花椒香從口中直達腸胃，對我來說是完美的早餐！

外婆晚年在中國深圳度過，對她來說是福氣，國共戰爭後在台灣住了大半輩子，終於能跟青春記憶中的親友晚輩每日相聚，而她在中國經商成功的兒子有錢，醫療、奉養都不成問題，還有值得信任的同鄉遠親來擔任終生看護。在此之前外婆與我、媽媽三人住在一起，我們的家是台北市吳興街的破舊老公寓，五樓沒有樓梯，陰雨綿綿又漏水嚴重，滿牆、滿天花板的壁癌……對於一個幾乎足不出戶的高齡長者來說，一個國家的政治、經濟、文化、安全度與她何干？她若留在台灣終老並不是件好事，很慶幸她能有機會享清福。

但自從外婆移居東莞後，我跟媽媽都必須飛去那裡度過農曆年，二十幾年前台灣並沒有固定直飛深圳的班機，往返得舟車勞頓。有一次我們曾嘗試搭機到香港，然後再搭船至深圳，結果船到了、人到了，行李沒到。之後都是搭乘深圳航空到廣州，親戚再開車來廣州接我們。

記得深圳航空的空服員聊天說話很大聲，乘客在機上根本無法休息，但送餐時間一到，空服員會拿著一罐辣椒醬跟湯匙，問每位乘客要不要辣椒醬。如果說要，她就會直接舀一勺到乘客的餐盒裡，很接地氣的做法。那辣椒醬非常美味，香麻鹹辣一樣不缺，據說要航空公司高級會員才有資格買整罐。吃辣椒醬是我在整趟航程中唯一期待的事情吧？

等到機長廣播飛機即將降落，機上就會響起佛曲音樂，還越來越大聲。意思是如果墜機可以直接超度嗎？

二十幾年前的東莞就是一個工業區，全都是工廠與從外地省分來工作的工人，明明位在廣東，路上卻沒有半個人說粵語。沿街能看到好幾間名為「湘贛小館」的小吃店，販售著湖南江西菜，這名稱讓來自台灣的我們笑了老半天。此地台商、台籍幹部很多，在高爾夫球場四周皆是「台灣小吃店」，而或許由於台中幫的鞋廠林立，某些區域街景能見到複製版的金錢豹大舞廳。

即使有再多想嘗試的特色料理，但我們卻被親戚囑咐「絕對不能出門散步」，那時東莞治安極差，當時政府還沒禁行機車，街上滿是伺機搶劫的摩托車，連馬路邊都能看到斗大的紅色布條寫著：殺人搶劫唯一死刑。

於是我們來東莞過年就是關在親戚家裡，幾乎足不出戶，除了陪外婆聊天、看電視賀年節目，就是不斷地上網……只能說無聊至極。大年初一、初二大夥兒會開車出去逛逛，但到公園廟宇參拜時得閃過糾纏著人乞討的組織化丐幫，他們會用不同顏色的碗做區分，有殘疾人也有滿臉髒污的小孩，乞討時的眼神充滿市儈，看了令人感到既生氣又難過。

還是去百貨大賣場吧！雖然化學零食一樣也不敢買，但至少能安心逛街，還能順便買肯德雞的好吃油條……直到某年，在那個大賣場置物櫃有人發現了一顆人頭。

・・・

「快無聊死了！」我大喊著。

每次剛來東莞過年，我就想著還有幾天才能回台灣。或許因爲水土不服，媽媽每從第三天就會出現口內炎，身體也出現異狀。但在我心中卻有一個美妙的味覺記憶：那是遠親廚娘的料理。

除夕夜打麻將的親戚都睡到中午才醒，唯有早起的我需要吃早餐，廚娘來自四川重慶，她總是爲了不喜歡西式食物的我特別煮一碗麵，簡簡單單，就是細麵加上醬油、醋，以及花椒香麻味十足的辣椒油，湯汁的量處在乾拌與湯麵的中間狀態，然後幾根清燙青菜、幾顆花生米，然後再鋪上煎得邊緣焦香的半熟荷包蛋。看起來紅通通一碗，其實吃起來意外地溫潤，花椒香從口中直達腸胃，對我來說是完美的早餐！

「這個麵叫什麼名字呢？」我問廚娘。

「這個是重慶小麵！家鄉的！」廚娘用重慶話回答。

我當時以爲她說的是一道「沒有特定名稱的家常菜」，意指重慶人吃的麵食，直到很多年後，我才發現這種麵食的名字眞的就叫「重慶小麵」。明明是來深圳過年，我最期待的卻是吃重慶小麵。

多年之後，外婆以九十六歲高齡在睡夢中離世，無病無痛，自此之後我跟媽媽就再也沒去過東莞了。我聽得懂重慶話，因爲外婆說的是一口重慶話。重慶小麵的味覺記憶讓我與外婆有了連結，那是我味蕾中最深刻的大年初一。

第34道

香港珍寶海鮮舫

珍寶價位高，都是宴客大菜、高級海鮮，燒肉、海蜇皮、煲湯醇厚美味，清蒸魚肉質鮮嫩、醬汁清新有層次，但看到帳單會倒抽一口氣，服務跟環境一等一，吃的是一個經典場景。

周星馳的《食神》是將近三十年前的電影，同類型喜劇至今無人能超越。裡頭有個場景我一直很想去，就是決賽場地的富麗堂皇大船——珍寶海鮮舫，在某個農曆年間我達成了造訪心願。

自從再也不用到東莞過年之後，年假期間我就自由了。雖然說想躲避人潮，某一年我卻還是去了個很有年節氣氛的地方：香港，因爲實在太想念各種美食。只要不到景區、不到幾個特定的觀光餐廳，其實農曆年期間香港並不算擁擠。

珍寶海鮮舫眞的是一艘船，它被固定在海港中，要到珍寶海鮮舫必須從接駁碼頭搭乘小船或舢舨，而隨著慢慢接近這龐然巨物，彷彿能看到龍鳳飛舞的誇張情景一一浮現……

珍寶價位高，都是宴客大菜、高級海鮮，燒肉、海蜇皮、煲湯醇厚美味，清蒸魚肉質鮮嫩、醬汁清新有層次，但看到帳單會倒抽一口氣，服務跟環境一等一，吃的是一個經典場景。

新冠疫情期間停業的珍寶海鮮舫，在二〇二二年因爲風浪沉沒於千米深海中。這是香港鼎盛時期的記憶與象徵，曾接待過英國女皇、極多好萊塢名人，李小龍電影也在這取景，看盡近五十年來的繁華與輝煌，卻在全世界、全香港最惆悵的時候，默默地沉入深海。

當然，陰謀論四起，但無論如何都回不去了，這是眞正的黯然銷魂。

第 35 道

老友記豬肝粥

不是常見的薄片豬肝，而是極帶有厚度的，
裡面是粉紅色半生熟，彈牙脆口、
沒有硬筋、沒有粉感，
此生很難在其他地方吃到熟度與新鮮度這麼完美的豬肝。

身爲台北人，我很不屑有人說：台北沒有美食。在台北吃東西如果不乖乖按圖索驥，基本上等於賭博，這裡要不是令人震懾的頂級好店，就是隨處可見的地雷餐廳。不喜歡排隊、不習慣候位，反正看到什麼吃什麼都沒太大問題……但若帶著這種閒散的態度北漂生存很危險！台北這籤筒中不是大凶就是大吉，如果不多花心思做功課，將會處處碰壁，而成爲一個恣意說出「台北沒有美食」的心碎者。

即使身爲台北人，我也不常排隊，大部分的時間只求能塡飽肚子、吃完不會覺得生氣到想翻桌就萬幸了，但唯有一間餐廳，每次去都得排……然後我就乖乖排，排到最後已飢腸轆轆還得跟不認識的人併桌。沒關係，只要能讓我吃到就好！

那是台北市東區頂好後的「老友記粥麵飯館」，如果在這裡能點到燒鴨腿，再來一碗豬肝粥，今天我就是全台北最有口福的勝利者。

・・・

老友記的老闆是民國八〇年代初期從香港來台灣的，與我的父親有點類似，在回歸前那段時間有大批港人移民台灣，當時許多港籍工藝師聚集在台北市東區就職，爲了營造家鄉味，在這裡開了港式燒臘店。

第一次來老友記是在將近二十年前，店家環境尚未重新整修的時候，我是爲了一嚐道地的廣東粥而來。台式廣東粥品強調料多、選擇多，但廣東粥重湯底，米飯呈現糜爛狀態，鮮肉則是生滾泡熟才能保持鮮嫩感……

在台灣總找不到在香港吃粥時的感動，但老友記讓我重拾了滿足。

同時販售燒臘跟粥品的店家不多，老友記什麼都有，還有蒸點、港式咖哩牛、現做腸粉，甚至還有撈麵，用的是鹼水味重的港式全蛋細麵，吃的時候要配紅醋去鹼味，因爲成本高、對台灣人來說接受度低，所以台灣較少燒臘店有販售正統撈麵。

就燒臘而言，他們家的叉燒肉對我來說不夠肥，甜潤度低了點，但燒鴨跟油雞非常優秀，尤其燒鴨腿更是極品，皮薄脆、油而不膩，無論調味或肉質都完美。可惜一隻鴨只有兩隻腿，店家也不讓人預留，即使提早來排隊也不見得能剛好遇到燒鴨出爐，所以能不能點到鴨腿全憑運氣，我吃過幾次，那幾天做什麼都覺得順。

要說讓我這個不太挑食的台北人都心甘情願特地跑來一嚐的，還是老友記的豬肝粥吧！不是常見的薄片豬肝，而是極帶有厚度的，裡面是粉紅色半生熟，彈牙脆口、沒有硬筋、沒有粉感，此生很難在其他地方吃到熟度與新鮮度這麼完美的豬肝。而濃郁的粥底吸收了豬肝天然的美味，再撒上花生米增加口感……

這就是老台北的香港味，飄香了幾十年，伴著廚房師傅們的粵語談笑聲，無論誰來都得乖乖排隊。

台北就是這樣一個地方，來自台灣各地、世界各地的人來到這裡，薈萃出不同的味道，每個人都有自己的故事、自己的喜怒哀樂、自己的味覺記憶。至少我在這塊被人批評為冷漠至極的土地上，找到了自己ＤＮＡ中港味的溫度。

第
36
道

源珍味
金門廣東粥

粥糜糊化到甚至類似米湯，看不見飯粒；
配料則是單純的蛋花、豬肉丸、豬肝……
對於極迷戀軟糊食物的我來說，
這種不用咀嚼的口感一次就愛上！

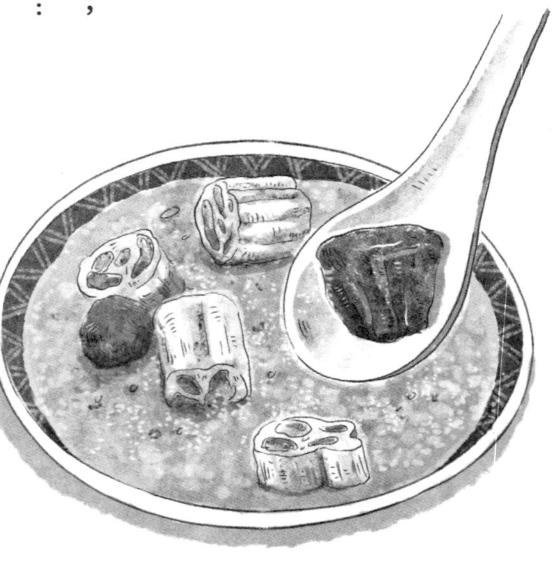

當時我正經歷一段女大男小的關係，我根本不愛對方，對方也不喜歡我這一型的女生，兩人更沒有什麼共同好友與興趣，但就是抱著試試看的態度。對方住在新北市的中和、板橋、土城之間，是個美食很多的寶地，因爲他是個問什麼都說「隨便」的人，所以約會行程大都由我主導。

我們常去吃六必居砂鍋粥，問他好不好吃，他說好吃。然後呢？沒有了……好吧，沒關係，我覺得好吃就好。也有去過緬甸街吃道地雲南菜，問他好不好吃，他說好吃。然後呢？沒有了……好吧，沒關係，我覺得好吃就好。

日子就這樣一天一天過去，有感情嗎？也是有，畢竟人都需要彼此的體溫。

某天我剛從金門工作完回來，對於金門廣東粥懷念不已，於是查了一下台灣哪裡吃得到，結果就在離他家不遠處有一間源珍味金門廣東粥！於是立刻把男友給帶去，因爲我想與他分享美味的感動。

我很喜歡金門，雖然沒太多娛樂，但又安靜又涼快，還有金門廣東粥配燒餅油條。金門廣東粥的質地與一般台式或港式粥品都不一樣，粥糜糊化到甚至類似米湯，看不見飯粒；配料則是單純的蛋花、豬肉丸、豬肝……對於極迷戀軟糊食物的我來說，這種不用咀嚼的口感一次就愛上！雖然坊間流傳了很多關於它特殊做法的淵源歷史，但我認爲金門粥品根本是一種爲了「快速緩解宿醉」而生的料理，是完美的早餐，難怪金門人可以天天喝高粱。

在金門工作時參加了縣政府人員安排的文化導覽，我很喜歡聽當地耆老說故事的部分，在地的故事、自己的故事，老太太一口腔調獨特的閩南語雖然讓我聽得有點吃力，但當她數落起自己家的那個老頭子時，卻流露出少女般的笑容，在歲月紋路之間依稀能看見透紅的雙頰，那種幸福感是不須言傳也能意會的。

有很多老夫老妻都是經媒妁之言才相識，就像金門這位阿嬤與她結褵六十年的丈夫一樣，雖然沒有任何浪漫與戀愛感，卻因爲平淡的日子而穩定地相守一輩子。如果找個沒什麼激情與期待的對象，是不是反而能避免爭執甚至得到幸福？

・・・

中和源珍味金門廣東粥的品項比金門當地的老店都多，油條不是整根而是切塊的，但粥底同樣看不到米粒。

「哇就是這個口感！你不覺得很療癒嗎？」我笑著對男友說。

「對啊，很好吃。」然後呢？沒有了……好吧，沒關係，我覺得好吃就好。

過了幾天之後，我們在聊天，他提到自己是個吃白麵包就滿足的人，覺得什麼都好吃、很好養，所以不需要特地去吃美食，然後他想去山上住……嗯，好吧。

又過了一陣子，我們就分手了，所以我再也沒有去過中和那一帶，再也沒有吃過源珍味金門廣東粥。滿足味覺感受對我來說是件重要事，如果這一點無法契合，眞要長久相處下去也很辛苦吧？

金門的阿嬤很幸福，那是因爲她的個性值得得到幸福，跟相處對象是誰都沒有關係。這種交往模式，對我來說行不通。

第37道

沒有味道的味道

那一天我所有的味覺、嗅覺記憶都消失了，
沒有味道的味道讓事實變得不真實，像是看了場置身事外的電影。
幾天之後我跟當時的男友分手了，
雖然我還是不知道自己在尋找什麼……

二〇一四年五月二十一日，那是個還沒入夏就有點炎熱的午後，我與當時那個對美食無感的男友從板橋搭上捷運，準備到台北車站轉車。

板南線車廂很擁擠，空調中飄散著汗臭味，以及我們倆剛吃完六必居潮州砂鍋粥的味道、我指間的蝦黃腥鮮味。我依稀記得沙蝦粥非常美味，能嚐出濃厚粥底中帶有的堅果香氣，但因爲沙蝦帶殼，剝起來有點礙事，男友索性一隻蝦都不吃，我認爲他很浪費，於是像個老媽子一樣狼狽地把所有殼剝了吃光，而餐後是我付的錢。

搭上捷運後，這段路程中的對話是極無趣的，我們總只能談論共同朋友的日常點滴。嘗試交往了一陣子，我們兩個人卻毫無交集，我所熱愛的事物他完全沒興趣，而他總是細數著交往過偶像藝人前女友的光榮事蹟，奇妙的是我一點都不嫉妒，但在那一刻我還沒意識到自己對他早已無感。

「這裡好擠，我們去後面車廂吧！」我對他說。

於是我們慢慢步行到最後一節車廂，我倚靠在車廂末端的牆角，開始滑手機玩已經退流行的Candy Crush。

· · ·

捷運一如往常在江子翠站停了下來，但開門的那刻我有點傻眼……

突然間有一大群人像喪屍般衝進我們車廂！男男女女，一臉驚恐，身上還有斑斑血跡，其中一個身穿白色蕾絲紗裙的太太全身都是血漿，臉上、腿上、包包上鮮紅一片，她四周的人也是如此。這是什麼殭屍電玩遊戲的快閃活動嗎？我這樣想著，然後笑了出來。

「不要笑！有人在殺人！」那位太太對我大聲怒吼，她手中緊握著一把雨傘。

「我沒事，這不是我的血……」她又小聲地嘀咕了一句。

我因莫名被罵覺得有點無辜而生氣，正當想回嘴的時候，她與其他滿身血的人又驚慌地往其他車廂奔去……他們到底在搞什麼啊？

此時捷運關門警示音「嗶嗶嗶」響起，巨大而刺耳，自動門迅速闔上，列車開始緩緩加速往前駛，而接下來眼見的畫面，是我看過最像地獄的景象。

我佇立在最後一節車廂的窗邊，因爲列車起步加速比較慢，所以我能窺見整個江子翠月台的樣貌：整個月台都是紅色的，我知道那是血，滿滿的、滿滿的、滿滿的鮮血，那種誇張的血量只有在邪典電影中才能見到，流動著，緩緩低落軌道，還有人體被拖行的痕跡，血跡盡頭躺著一具人體。

在此之前我一直以爲大量噴濺的血液是赭紅色的，不，就是鮮豔的深紅，還泛著油質般的明亮感。月台上站了幾個人，一個瘦高的男子面無表情，還有拿著垃圾桶在推擠他的人，他們的動作在血泊之中顯得有氣無力。

就在短短的幾秒鐘之間，我心中知道：出大事了。

．．．

我跟男友抵達台北車站後下了車，這段路程中我不發一語，那種抽離感非常奇妙，很像某種電影情節中主角靈魂脫離群體的片刻。我幾乎是在另一個緯度感受身旁來來去去的人群，彷彿拉高了天線，我能清楚聽見陌生人的所有談話內容。

「誒，你破到第幾關了？」

「你等下要吃什麼？」

「不是啦！那個很白痴誒……哈哈哈……」

他們完全不知道發生了什麼、不知道我們經歷了什麼，而當我們步行到戶外之後，我才開始聽到有人在說：「誒，剛剛捷運好像出事了！」

然後開始接二連三地，每個路人都在討論這個大消息。我低頭看了一下手機上顯示的時間，距離我們目擊經過後大約是十三分鐘。街邊的大型電器店的展示電視播放著新聞快報，幾乎所有人都停下來觀看，但我沒有停下來，因爲我知道那在報導什麼。

又過了幾分鐘後，媽媽傳來了LINE訊息：「聽說剛剛捷運有出事啊！」

我回她：「我有看到。」

一直到回家之前，媽媽都以爲我所指的是「我有看到新聞」。

‧‧‧

抵達家門，打開電視，記者正轉述著嫌犯鄭捷遭逮捕的狀況。

他當時在222車次從龍山寺殺到江子翠，然後打算換車到我們列車上，再從江子翠殺回龍山寺，但因爲有人在月台對他丟擲垃圾桶才妨礙了他的行動。這場事件造四人死亡，二十四人受傷，是台灣捷運通車以來首起、也是最嚴重的隨機殺人事件。

我過了一段時間才在社群發文，因爲安靜下來後，我才察覺自己的手一直微微發抖，奇妙的是我完全沒有恐懼、驚嚇等等負面情緒產生……很平靜，甚至可說是異於往常地平靜，但手卻抖個不停。

心理學中有一種現象叫「解離」，通常是創傷後壓力症候群，在記憶、自我意識或認知的功能上的崩解，包括與周圍環境的輕微情感分離，到與身體和情感體驗的嚴重分離。已經過了十年，只要看見「江子翠」這三個字，那段事件的畫面我都歷歷在目，包括月台上極大量的鮮血與凶嫌的面容，但我卻總是無法把那些片段與任何「情緒」連結在一起，或許這就是解離的自我保護機制吧？

那一天我所有的味覺、嗅覺記憶都消失了，沒有味道的味道讓事實變得不眞實，像是看了一場置身事外的電影。幾天後我跟當時的男友分手了，雖然我還是不知道自己在尋找什麼，但至少確定不用浪費生命經營那段感情。他倒是沒有什麼創傷症候群，一直跟朋友說經歷這件事很酷。

在那一天之後，這十年間，我一點都不覺得害怕，卻再也沒有搭過那段路線的捷運，指間的沙蝦殼，也成爲了沒有味道的味道。

第38道

老虎醬溫州大餛飩

菜肉餛飩裡頭的青江菜末不少，是種吃健康的味道，
但湯頭如果不靠蛋絲與榨菜提味就幾乎毫無深度……
應該任誰也想不到，這麼揪心的一段往事，
居然會跟極為普通的味覺記憶連結在一起。

一九九八年的冬天，母親將一隻黑白花色的賓士幼貓帶回家中，她說這隻小貓是在內湖附近撈到的，身體狀況極差。盡人事聽天命，如果這隻小貓能存活下來，我們就當作中途之家把牠轉送出去。經過母親一個多月的細心照料，小貓咪的身體狀況逐漸好轉，從一隻食不下嚥、每天都拉肚子的小病貓，成爲能在家具間跳上跳下的活潑男孩。

但令人感到不解的是，這隻小貓似乎不太給救命恩人面子，牠只要看到我媽媽靠近就會嚇得齜牙咧嘴、然後表現出一副威嚇的模樣。我們都以爲這隻小貓不親人，應該很難送養，直到某日我與牠獨處時發現事情並不是這樣……

那個下午只有我跟牠待在家中，當時我只是試探性地蹲在地上對牠喊著：「小貓咪！」沒想到牠居然做出超乎意料的反應：一邊喵喵叫、一邊跑過來跳進我懷裡討抱抱，這可愛的行徑簡直讓我的心都快融化了。

童年家中同時有近百隻流浪狗時，因爲父母有愛心搞到全家負債，也因此我的童年不太喜歡動物，這是事實。但現在，我眞的捨不得把這隻小貓咪送給別人。之後，牠被取名爲「大寶」，貓如其名，慢慢地成長爲一隻九公斤的巨貓。

大寶在我的生命中扮演了一個重要的陪伴者角色，尤其憂鬱症期間，每當我感到失落、感到挫折，我就會抱起譚大寶……抱著牠時那種柔軟而溫暖的感覺，總帶給我無以倫比的撫慰。要不是牠，我可能根本撐不過停藥後戒斷症狀的痛苦。

大寶爲我帶來的療癒力是無法取代的，我在精神層面一直相當依賴牠、甚至到了對牠放不下心的地步，我無法想像沒有大寶的世界是什麼樣子，如果大寶不在了，當我傷心難過時該怎麼辦？

・・・

那段期間我意外地接到一個日本品牌的模特兒工作，是所有人都求之不得的工作機會！過一段時間後必須頻繁往返台日，我很期待，卻也擔憂著不夠堅強的自己。

就在一個深夜，大寶突然趴在地上喘得上氣不接下氣、看起來相當痛苦……即使立刻將牠送往獸醫院急救打針、放進氧氣箱中情況依然沒有好轉。當大寶的X光片沖洗出來後，我們嚇了好大一跳：牠的體內有顆巨大的腫瘤壓迫肺部，已經到了無法手術救治的狀態。牠才十三歲，以貓咪來說不算高齡。

我把牠放在獸醫院觀察，每天從家裡前往醫院探視牠，氧氣箱內的大寶因爲呼吸困難，眼神中充滿惶恐……牠不吃不喝，只能靠打點滴維生。

我總對牠說：「大寶加油！我明天再來看你！」

然後失魂落魄地獨自搭上公車返家……

路途中會經過一間連鎖的老虎醬溫州大餛飩，我每天都不帶感情地走進去，點一碗菜肉大餛飩湯。菜肉餛飩裡頭的青江菜末不少，是種吃健康的味道，但湯頭如果不靠蛋絲與榨菜提味就幾乎毫無深度，非常平凡。我把餛飩撈進湯匙中，用筷子夾上一點小碟子中的老虎辣椒醬，蒜末很夠味，但餛飩是餛飩、辣椒是辣椒。

我淺淺地笑了一下，心裡想：實在是很普通啊！但那一刻我卻能暫時忘卻大寶的臉，之後去醫院的回程我必來這間溫州大餛飩，幾乎成爲了我的儀式，這個安定而普通的味道也給了我安全感。整整七天，一模一樣的行程，我吃了七天一模一樣的大餛飩，直到最後一天終於迎來心中的平靜。

我們跟醫生確認大寶的狀況已經不可逆了，由於不忍心牠繼續痛苦下去，決定在牠的腫瘤完全侵占肺功能之前替牠進行安樂。在大寶生命的最後一刻，我緊緊抱著牠，一直不斷對牠說：「謝謝、謝謝、姊姊好愛好愛你……謝謝你陪我走過這十三年……」

翌日，我獨自前往東京工作，而在東京街頭爲了宣洩思念情緒而奔跑的那一夜，再度改變了我的一生，那就是另一個故事了。

應該任誰也想不到，這麼揪心的一段往事，居然會跟極爲普通的味覺記憶連結在一起。人生就是充滿戲劇性，讓我安定下來的，不是家的味道、更不是令人驚豔的料理，甚至不熟悉、也算不上好吃——只是一間我在路途中會經過的連鎖店。

第39道

赤坂室町砂場蕎麥麵

在咀嚼時我覺得非常震驚，
因爲這個麵條的口感是我人生第一次的體驗！
它跟我此生吃過的所有麵條都不一樣，入口滑溜，
但卻帶有顆粒狀的口感，而且能嚐到極突出的蕎麥香味……

曾有一段感情，根本從未開始過，唯一一次約會卻在我心底烙印了一輩子，是每每想起就會眼眶泛淚卻又同時揚起微笑的揪心回憶。

二〇一一年我在日本的某個品牌擔任模特兒，當時我很崇敬工作上的一位日本人長輩，但對方已婚……好的，說到這裡就已經差不多等於「故事完」，但我們還是共渡了一整天，沒有肢體接觸、連牽手都沒有，我的幸福感卻是滿溢的。當天一大清早展開了在中野的雜誌拍攝工作，專業的團隊讓案子非常快就收工，一貫日式答謝的鞠躬與「辛苦了」，之後大家各自赴會下一個行程。

我獨自留在中野 Broadway 逛「MANDARAKE」漫畫與動畫商品店，不到十分鐘後，他出現在我身旁，穿著駝色風衣、戴著黑色擴洞耳環。

「不好意思讓妳久等了。」他看了看手腕的古董勞力士手錶。

「不會不會！我很喜歡逛這裡！」

然後我們走到他熟悉的「超人力霸王」店，那是影響他最多的兒時回憶之一，他對所有的怪獸如數家珍。我喜歡的 anime（日本動畫）是《阿基拉》、《新世界福音戰士》、《鋼彈》、《攻殼機動隊》……那對他來說是比較年輕的，而「ウルトラマン」（Ultraman，超人力霸王）之所以經典，就是從一九六〇年代到現在完全沒有斷層，不只是一個特攝帝國的開端，更代表日本民族的「巨大崇拜」……日本文化有一點讓我很喜歡，就是他們懂得擁抱自己的「怪」。

我跟他邊逛邊聊，從特攝（特殊攝影）聊到 Cult 片（邪典電影）……聊到我喜歡的塚本晉也導演、聊到《鐵男》、聊到《發條橘子》，從文青時期到現在，我幾乎沒跟別人談過這些話題，我們對於某些經典作品隱喻的認同一致，雖然年齡相差不少，但那種兩個人完全處在同一頻率上的感覺很奇妙。

將近傍晚我們搭上計程車離開，他說要去另一個他很喜歡的地方散步，抵達目的地我才知道：這裡居然是青山靈園！就是眾多日本歷史名人的長眠之地，連忠犬小八的墓碑都在這裡。

「我常常一個人來這裡散步，思考很多事情，當靈感打結陷入痛苦的時候，轉個彎看到熟悉名人的名字，就覺得生命的寬闊度不應該被縮限住。」他如此說著。

我知道日本人對墓園並不太忌諱，那天發覺除了我們，還有其他特地來青山靈園靜坐的人們。這是一個極莊嚴又安靜的場合，但我的肚子卻在此時不爭氣地發出巨大的「咕嚕」聲……

他笑了出來，我感到很不好意思，因爲從一早的通告開始整天都沒有進食。他問我還走得動嗎？我說當然沒問題。之後又散步到赤坂，他帶我來到一家店，招牌上用毛筆寫著「砂場」兩字，建築物既低調又老舊。

「這是賣什麼的呢？」我問他。

「蕎麥麵，超級好吃！」

我隨手上網查了一下才驚覺，本店室町砂場幾乎代表了日本蕎麥麵的歷史，是百年名店中的名店。在此之前只吃過普通蕎麥麵的我毫無頭緒，機場的蕎麥麵、京都四条河原町賣給觀光客的蕎麥麵、平價的名代富士蕎麥麵……吃起來跟便利商店的蕎麥麵並沒有太大差別。

我跟他點了同樣的「別製ざる」（特製竹篩蕎麥麵），只有麵條跟沾食的醬汁加上一些水菜、天婦羅的炸酥，料理端上來我就嚇了一跳，蕎麥麵怎麼是白色的？而且還是平平扁扁的麵型……

「いただきます。」我開動了，他雙手合十，把夾起的麵條末端沾浸些許醬汁，然後用力吸起發出巨大的聲響。

「いただきます。」我也依樣畫葫蘆，之前花了不少時間練習日式禮節的吸麵條，所以成功地發出聲音了。

在咀嚼時我覺得非常震驚，因爲這個麵條的口感是我人生第一次的體驗！它跟我此生吃過的所有麵條都不一樣，入口滑溜，但卻帶有顆粒狀的口感，而且能嚐到極突出的蕎麥香味，越嚼越明顯、越嚼越明顯。

「天啊，我以前吃的蕎麥麵都是什麼？」我不由自主地讚嘆，他聽到我這樣說也笑了出來。

我又夾了第二口，這次我完全不沾醬汁，去感受麵條本身的細緻度。如果說我之前吃過的所有蕎麥麵等於超商的精緻吐司麵包，那砂場的蕎麥麵就是德國 Vollkornbrot 黑麵包，大概是像這種程度的差異，根本是兩種不同的東西。

蕎麥麵不用十分鐘就吃完了，他幫我叫了台回飯店的計程車。

「不好意思，我現在要去公司忙一下，今天謝謝妳。」他這樣對我說。

車子抵達，在上車前我們禮貌性地擁抱了一下說再見。然後我獨自搭上車，凝望著窗外閃逝而過的一片片東京港區夜景。

．．．

過了幾天，我結束這次案子回到台灣。之後與他在日本跟香港的工作場合見過幾次面，然後就再也沒碰過了，至今十三年。這是一個沒有開始的約會，但我永遠記得所有細節，還有蕎麥麵的味道。

第

40

道

鼎泰豐早餐

那麵皮非常薄透，跟一般十八摺小籠包的口感不同，
比較有嚼勁一點，內餡的口味則跟小籠包類似，但沒有肉凍湯汁。
吃法是用湯匙撈起一顆迷你小籠包，
然後泡進蛋絲清湯裡，再一口吃掉！

我是一個早餐絕對不吃西式食物的人。自從台灣開始風行「早午餐」文化後，每次有朋友找我去吃新開的 Brunch，我還必須在赴約前先吃個涼麵、鹹粥或飯糰暖胃，如果首先進入我胃袋的食物是麵包、沙拉、優格或歐姆蛋……我會心情不好一整天。

這是約莫十幾年前的事，當時有個 Lifestyle 雜誌訪問很多ＫＯＬ「最推薦的早午餐店」，榜上有名的不外乎台北那幾間班尼迪克蛋、酪梨吐司拼盤、貝果，比較老派的會推薦茉莉漢堡、雙聖，結果我的答案是「鼎泰豐」。

編輯問我：鼎泰豐有早午餐？那時我才發覺，原來有台北人不知道鼎泰豐有早午餐！

以前台北鼎泰豐信義路上的永康總店週末早上九點就開門，早晨限定的菜單是「小籠湯包」，就是迷你版的小籠包，配上一碗蛋絲湯，賣完爲止，通常十一點前會完售。迷你小籠包的尺寸跟豆沙小包差不多，但麵皮上頭沒有摺痕，一籠有二十顆，裡頭包的是純肉餡。

那麵皮非常薄透，跟一般十八摺小籠包的口感不同，比較有嚼勁一點，內餡的口味則跟小籠包類似，但沒有肉凍湯汁。吃法是用湯匙撈起一顆迷你小籠包，然後泡進蛋絲清湯裡，再一口吃掉！蛋絲清湯的口味極單純，就是蛋絲、蔥花、加了一點醬油的清湯，這讓小籠湯包顯得格外清爽，一個人就能輕輕鬆鬆吃完，是非常適合早晨的菜式。

之所以會販售多年，其實是爲了老顧客的一種週末儀式感，而現在鼎泰豐永康總店已經沒有販售早餐了，很慶幸自己曾生活在那個沒人要排隊吃鼎泰豐限定早餐的年代。

第41道

公家酒吧的紅酒

我大口灌下一杯單杯紅酒……嗯，非常好喝，
是單寧味比較重的酒體……那天交換了什麼爛禮物完全失憶。
醇厚的口感我還記得很清楚，有木桶香氣……
平安夜，能平安就是福。

我是一個從來不過平安夜、聖誕節的人，只要是與團聚氛圍有關的商業化節日，我都嗤之以鼻，但長大之後卻因為一部今敏導演的動畫電影《東京教父》而改變對聖誕夜的想法。今敏的《藍色恐懼》、《千年女優》是經典中的經典，但《東京教父》卻是看第二遍才會感到震撼，非常細膩，我認為它是在平安夜必看的電影。

「我要懷著對世上所有美好事物的謝意，放下我的筆了，先走一步了。」

這是今敏癌逝前的遺言。

・・・

曾有過一個印象深刻的平安夜，那天跟好朋友們約在台北復興南路的公家酒吧，目的是交換「爛禮物」——是的，交換爛禮物是我唯一會參與的聖誕活動，因為很好笑。我曾收到整盒過期的折價券、腳踏車鏈條，我也送出過唱佛曲會走音的太陽能蓮花燈，晚上還沒辦法用。這個傳統持續了好幾年，導致我什麼爛東西都留著不敢丟，因為平安夜可能會用到。

那個晚上我先在家看完第N遍的《東京教父》，然後帶著感動叫了台計程車出發，司機是個非常客氣、但感覺對路線不太熟悉的大哥，我請他使用導航，他似乎不太知道怎麼看Google Maps，而我是個只要搭車看手機一秒鐘就會暈車的人，所以也幫不了他。

到了公家酒吧門口，我示意他目的地就在對面，他一陣慌亂，居然沒打方向燈也沒留意前後來車就直接大迴轉，車子停下之後司機準備按下跳錶，此時突然聽到「嘰！」的一聲巨大摩擦聲響，一台BMW跑車就衝過來卡在我們的計程車前面！狀況很明顯地不太妙……

跑車駕駛座門打開，走出了一個年輕男子手上拿著金屬球棒，他指著計程車司機喊著：「你剛剛是不是切過來？你給我下來！」然後作勢要砸車。

我對司機說：「你千萬不要開門！我現在打電話報警！」

沒想到司機好聲好氣地說：「沒關係……」然後按下我的跳錶，示意我先下車不用付錢。

跑車男拿著凶器惡狠狠地瞪著計程車司機，這種狀況下誰敢下車？正當我拿起手機撥通110的時候，司機大哥居然打開車門自己走下去對跑車男道歉，我頓時心跳加速，非常害怕即將到來的暴力場面——小時候躲在車上看爸爸與別人行車糾紛的創傷都上來了。我專注地報案，跟員警說地址與我們車號，大約幾分鐘後，跑車男就氣呼呼地上車離開了！

不知道司機大哥對他說了什麼，但姿態放得很低，然後我付清了車資，跟司機說我已經報警了才開門下車，司機不斷對我說謝謝。

走到公家酒吧不用二十秒，所以我也不知道後續警察有沒有來處理，而二十秒是來不及平復心情的，我依然能聽見自己心臟劇烈地怦怦跳著。

・・・

「給我紅酒！馬上！立刻！」這是我走進店裡的第一句話。

因爲耽誤了一點時間，朋友都已經在座位上準備交換爛禮物了，我大口灌下一杯單杯紅酒……嗯，非常好喝，是單寧味比較重的酒體，但廠牌什麼的我一概沒問。朋友問我發生了什麼事？我記得自己敘述的時候還是氣喘吁吁的。

「搞不好計程車司機是個狠角色？」

朋友這樣說，我才笑了出來，然後慢慢從緊張的情緒中平復。

之後開了一整瓶同樣的紅酒，幾乎自己一個人喝完了，醉到不省人事，那天交換了什麼爛禮物完全失憶。醇厚的口感我還記得很清楚，有木桶香氣……平安夜，能平安就是福。

第42道

濱松餃子

濱松餃子是用鍋子煎的，
倒扣後整齊地以扇形排列在圓盤上，
然後中間鋪滿豆芽菜，
一次煎一鍋，沒辦法點少少幾個。
咬下去肉汁四溢，非常強烈的蒜味在口中爆炸……

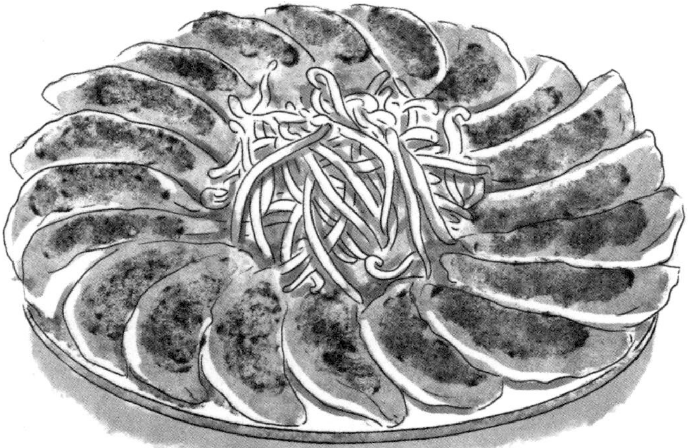

靜岡縣濱松市的中田島砂丘的砂質是偏灰色的，有海風自然生成的砂紋，在這裡的晨曦極爲寧靜。我此行的任務是日本 Undercover 與 Nike 合作新開的品牌 Gyakusou 的服裝廣告拍攝工作，是這個企劃史上第一位女性模特兒。那是十一月分，連續好幾天都是惡劣的氣候，狂風暴雨造成工作數度延宕，我在東京等待了數日，終於與高橋盾的日本團隊與拍攝影片的義大利團隊前往靜岡縣。

每個職業模特兒都知道拍攝服裝廣告辛苦的地方在於：夏天拍冬裝、冬天拍夏裝。這次拍攝當日凌晨氣溫不到零度，還吹著令人站都站不穩的狂風，我得穿著輕薄涼感材質的短袖跟飄飄短褲，站在砂丘正中間讓攝影師拍整個大景……

那是我此生第一次覺得：「天啊！我會不會凍死？」

團隊助理買了超多巧克力，只要攝影師換鏡位的空檔，他們就會讓我套上貼滿暖暖包的風衣外套，然後我狂吃巧克力補充熱量。拍攝過程中逐漸天亮，自然的求生本能讓我面向陽光尋找溫度，然後伸展肢體，像是在凍土中冬眠已久的種子甦醒了過來，攝影師說那畫面非常漂亮。等到太陽完全升起，拍攝也完美結束。

在日本工作那段時間，我最期待完工後的慶功宴，因爲總是能跟著團隊吃到厲害的東西。他們說靜岡縣濱松市的名物是「濱松餃子」，屬於日本最有名的煎餃之一。濱松餃子有個特別的規定，就是製造者必須在濱松居住三年以上，餃子還必須在濱松市製造，所以是東京絕對嚐不到的滋味。

夜晚來到濱松餃子的名店，跟一般常見的日式鐵板煎餃不一樣，濱松餃子是用鍋子煎的，倒扣後整齊地以扇形排列在圓盤上，然後中間鋪滿豆芽菜，一次煎一鍋，沒辦法點少少幾個。咬下去肉汁四溢，非常強烈的蒜味在口中爆炸，吃著吃著新陳代謝也加快，我居然開始流汗了，很難想像今早才剛經歷了快凍死的感覺。雖然重口味，但餃子中蔬菜的比例卻比肉高很多，即使煎得滿是油香也不覺得膩口，一大份很快就被掃盤。

餃子店老闆娘阿嬤見我們浩浩蕩蕩一大群人還有老外，問我們是從哪裡來的、來做什麼的，團隊向她介紹我是台灣人，此時老闆娘突然愣了一下，接著用中文對我說：「我也是台灣人。」

然後又用日文說：「可是有點忘記中文怎麼講了……」

我覺得非常驚訝，因爲老闆娘的那句「我是台灣人」是我好幾天沒聽到的中文，有一種在遙遠鄉下遇到鄉親的感覺。從那餐至今已經十幾年過去了，不知道濱松餃子的老闆娘身體還硬朗嗎？這些日子應該有遇到其他台灣來的遊客吧？

我當初沒有好好把握上天賜予的大好機會，待在日本發展演藝事業，但將濱松中田島砂丘那個早晨海風的感觸深深烙印在心中，有一點刺痛，卻永遠向著暖陽。這就是活著才會經歷的感覺。

輯二、

馬拉松賽道上的味覺記憶

第

43

道

辦完美簽的大麥克

麥當勞的牛肉餅肉味重但鹹度很高，
比起小漢堡，麵包量多的大麥克反而比較平衡，
但麵包體很乾燥，得喝上不少可樂才能下嚥……
麥當勞果然還是只有薯條跟可樂能點。

我在人生中的某個階段，眞實感受過「全宇宙都聯合起來幫我」的體驗，就在戰勝憂鬱症、愛貓大寶離世之後，我下定決心要做些什麼改變自己，我想證明自己能成爲一個堅強的人，即使未來再遇上任何挫折、即使愛貓大寶不在身邊，我也依然能跨過難關。

剛結束在日本當模特兒的案子，獨自來到異國的強大刺激感帶給我許多啟發，其中最令我震驚的，莫過於馬拉松文化這件事。數年前的三一一大地震不只奪走了無數生命，日本的社會也因爲後續的核災而受到重創，那時由作家村上春樹發起了一個「以跑步安定人心的運動」。

「馬拉松不是運動，就跟日本的茶道、劍道、武士道一樣，是一種不在乎輸贏的自我意志力修煉。」著迷於馬拉松的日本前輩如此對我說。

自小體弱多病的我非常厭惡運動，但卻在憂鬱症期間會靠著「走很長很長一段路」的方式自我療癒，因此長跑能安定人心的道理我多少能理解。

之後發生了不少心情轉折……某天我在臉書粉專上宣布：我要以完成 42.195 公里的馬拉松爲目標，開始練跑！

網友的回應有鼓勵、有訕笑、唱衰與批評，這個形象負面的女生怎麼可能跑馬拉松？但對我來說最巨大的助力，是當時看到了一則女藝人張鈞甯完成舊金山女子半馬的影片。我好想好想擁有同樣的感動。

總之我過著天天努力練跑的生活，從一開始跑不完國父紀念館一圈……直到某天，運動用品廠商問我：「靖，妳想去參加舊金山女子馬拉松嗎？我們可以贊助妳去。」

天啊，全宇宙都在幫我！

⋯

赴美要辦美簽，那時候台灣人要去美國還不能線上申請ESTA，必須到舊址在信義路的AIT美國在台辦事處申請簽證。每天AIT門口都排著長長的隊伍，但申請被駁回的機率非常高，只要是適婚年齡的單身女性幾乎都很難通過……是的，就是我，二十出頭未婚，而且還沒有固定收入！

接應我的是一位華人面試官，他臉色非常嚴肅地問話：「妳要去美國做什麼？」

「我要去參加舊金山女子馬拉松，這是我的報名資料。」

我把證明遞給他，沒想到他只瞄了三秒，就把資料丟到一邊。

「妳是做什麼工作的？」面試官又問。

「我是模特兒，這是我的經紀公司資料。」我遞上公司的文件，他連一眼都不看並嘲諷：

「每個年輕女生都以爲自己是模特兒。」

當時我的心已經完全涼了，幾乎能確定這個美簽辦不成，但我還想做最後的掙扎。

「可以請你去網路搜尋我的名字嗎？你會看到很多媒體報導包括維基百科，就知道我沒有騙人了。」

面試官板起臉，他猶豫了一下然後拿著我的資料轉身走進辦公室，呆站在原地的我心情忐忑不安……

此時看到身旁一個阿姨在大罵：「我只是想去夏威夷玩！誰希罕辦你這個美簽啊！」看來她的申請被駁回了，我的狀況應該也不妙吧？

乾等幾分鐘之後，我的面試官突然回到窗口，然後把文件遞給我說：「這是妳的美簽。」

什麼⁉︎為什麼過了？我確認了一下是五年效期的簽證，可能是因為他有去網路查搜我的名字嗎？總之，謝謝宇宙！天啊！我要去美國跑馬拉松了！

・・・

從AIT回到我家只要搭22路公車，但我還是決定先去吃個麥當勞，算是慶祝即將要去漢堡大國。

麥香魚派的我點了平常很少吃的大麥克，然後瞬間能理解爲什麼很多人偏愛大麥克，麥當勞的牛肉餅肉味重但鹹度很高，比起小漢堡，麵包量多的大麥克反而比較平衡，但麵包體很乾燥，得喝上不少可樂才能下嚥……麥當勞果然還是只有薯條跟可樂能點。

聽說美國人不太吃麥當勞？美國的漢堡到底有多好吃？總之我終於可以親自去嚐嚐看了。當年我已經二十九歲，人生才正要起飛。

第 44 道

San Francisco Cioppino

美味關鍵在於貝類的比例多，尤其是貽貝，
濃郁的鮮味融入酸甜番茄醬汁內……舀一口下去吃進嘴裡，
如同一艘載滿了番茄的貨輪暢遊在滿滿貝汁的大海中，
然後在我嘴裡翻船……

二〇一二年，人生第一次去美國居然是搭乘長榮航空商務艙，因爲我過度沉浸在初半馬的期待與緊張感，所以完全不記得自己在飛機上吃了什麼料理，更沒喝半杯酒精飲料，只記得躺平睡覺很舒服，醒來就到舊金山了。

雖住在派對氛圍濃厚的W Hotel，但比賽前認眞地吃碳水化合物補肝醣，唯一有印象的就是軟爛的美式茄汁義大利麵，實在算不上美味……總之我當下的慾望只有完賽，吃喝玩樂等正事做完了再說，畢竟初半馬在舊金山算是個大挑戰，我以爲「山」只是個音譯名稱，來了才知道這地方還眞的都是山。

女子馬拉松比賽當日，天色未明，三、四萬名蓄勢待發的女孩聚集在聯合廣場Union Square前一起高唱美國國歌後開跑。當天淸晨海邊正常發揮地起了大霧，我望著海的方向一片白茫茫，完全看不見金門大橋在哪裡。此時，我身旁的金髮中年女跑者突然手指前方，笑笑地對我說：「妳看看那個山丘！」

我這才注意到她所指向的不遠處，皆是奮力爬坡的跑者布滿一整個山丘——那山丘比想像中還要陡峭！但我終究還是撐了過去，完賽二十一公里的滿足感盡在不言中，更別說在一年前的這一天，我連國父紀念館一圈都跑不完。

終點線後站著許多位身穿燕尾服的舊金山消防隊員，他們手捧放滿Tiffany & Co. 綠盒子的銀托盤、發送項鍊給完跑的參賽者！這條Tiffany項鍊是用錢也買不到的女子馬拉松完跑禮。但我對於 Tiffany 卻沒有感動……因爲我好餓！

賽道沿途的大會補給，有香蕉與非常好吃的香吉士柳橙，但我好想吃頓熱呼呼的美食犒賞自己。

舊金山有道料理是我的此行目標：「Cioppino」。

名稱聽起來像義大利文，但事實上義大利沒有這道菜，如果翻譯菜式名稱會是：「義式番茄燉海鮮」——跟在台灣被發明、溫州根本沒有賣的溫州大餛飩有異曲同工之妙。

Cioppino 是百分之百的舊金山料理，十八世紀舊金山的義大利裔漁夫們有個傳統：如果有人捕魚運氣不好空手而歸了，其他漁夫們就會捐助一些漁獲給那位漁民，大家暖心互相幫助，而這一鍋被捐助的漁獲就被稱爲「Cioppino」，之後以義式做法衍生爲一道燉鍋料理。以番茄、白酒醬汁燉煮甲殼類海鮮、白肉魚，固定食材是貽貝、大蛤蠣等各種貝類，另外再加入蝦子、花枝、白肉魚，甚至是螃蟹。

其實海鮮快熟，所以它並非爲一道費時或需要高超技術的料理，美味關鍵在於貝類的比例多，尤其是貽貝，濃郁的鮮味融入酸甜番茄醬汁內……如果要向沒吃過的人解釋，可以想像成是「茄汁海鮮義大利麵」的醬汁，感覺差不了太多，但海鮮料的等級非常之高，所以 Cioppino 這道菜並不便宜，作爲犒賞半馬完賽的自己再適合也不過，與舊金山名產的酸麵包很搭。

舀一口下去吃進嘴裡，如同一艘載滿了番茄的貨輪暢遊在滿滿貝汁的大海中，然後在我嘴裡翻船——就是這麼濃郁。Cioppino 在世界上其他地方都沒普及，但對於一名甲殼類愛好者來說，慕名到了當地嘗試過之後，我此生吃過最好吃的料理就是它了！

・・・

當年舊金山的海風是清澈的，異性戀情侶在碼頭邊抽著漂亮的琉璃菸斗、年過半百的同性戀情侶裸著身體在街邊作日光浴、乞丐伸出手時說：「上帝保佑你」，笑容好傻氣。愛與和平確實是我對這個美國嬉皮文化發源地的第一印象，除此之外，還有巨人隊主場「AT&T PARK」、漁人碼頭的海狗……

雖然半馬抵達終點時有種「被陡峭的山坡狠狠揍了一拳」的失落感，但至少我完成了這場超艱鉅的賽事，也因爲完賽，更加深了我當時想挑戰全程馬拉松的目標與渴望。

隔年之後我雖已經完成數場全馬了，卻又再次報名了舊金山女子半馬，是想找個理由再踏上這片土地，也是爲了再嚐 Cioppino 的美味。

第 45 道

In-N-Out VS. Shake Shack

我一邊咀嚼一邊發出嗯……嗯……的讚嘆聲，
滿溢的安格斯牛肉汁在我口內縱橫流動。
朋友笑說我邊吃邊翻白眼的表情很像歐美成人電影橋段，
這個黃腔我不在意，因爲漢堡實在太美味。

從ＬＡ回台灣的ＡＢＣ不見得洋腔洋調、身材健美，但都有一個共同特點：四處讚揚In-N-Out的漢堡美味！這七十五年的連鎖老店對加州人來說是形同家鄉味一般的存在。

第一次到加州，我當然也抱著朝聖的心態去嘗試In-N-Out，當時害怕戰鬥力不足所以只點了最普通的起司漢堡，而不是類似大麥克的招牌「Double-Double」雙層起司漢堡或其他隱藏菜單，我覺得有點可惜，因爲吃起來就像分量比較大的摩斯漢堡，而驚豔度不及日本連鎖漢堡店「FRESHNESS BURGER」，好險我還點了「Animal-Style Fries」薯條。In-N-Out的薯條本身鹹度不高，但加上起司醬跟洋蔥碎那些滿足度變很高，吃起來不至於搞得亂七八糟。

然後我喝了混合奶昔，有種懷舊的感覺，口味並不是以前的麥當勞奶昔，而是類似雙聖冰淇淋，乳製品存在感極強的那種濃郁奶昔。這個非常好喝，但可惜我一個人實在吃不下整個套餐。

或許ＬＡ的朋友吃的是一種鄉愁？比起食物，我更著迷於In-N-Out的相關商品，襪子、小物，甚至還有嬰兒的包屁衣。

・・・

另有一年去參加紐約馬拉松，願望清單之一是嘗試被稱爲東岸霸主的Shake Shack漢堡，那時亞洲還沒有分店。

夜晚的 Shake Shack 裝潢精緻，還有具流線感的霓虹燈招牌，跟 In-N-Out 的氛圍差很多，客層也不是一家老小或剛衝浪完的大學生。或許因爲我造訪的是曼哈頓店面，在這間 Shake Shack 甚至能看見不少穿西裝打領帶的華爾街精英。

我跟朋友點了招牌「ShackBurger」，生菜、番茄、起司漢堡肉跟獨家醬料，漢堡尺寸不小，一口咬下後，我突然大喊：「天啊！這也太好吃了吧？」

也不管當下是不是滿嘴食物，我一邊咀嚼一邊發出嗯……嗯……的讚嘆聲，滿溢的安格斯牛肉汁在我口內縱橫流動。朋友笑說我邊吃邊翻白眼的表情很像歐美成人電影橋段，這個黃腔我不在意，因爲漢堡實在太美味。

而一位朋友點了「SmokeShack」，有加上蘋果木燻培根，鹹度比較高，另一個朋友則點了加酪梨和培根的「Avocado Bacon Burger」，她說那是天堂來的食物，我相信。

當下我覺得奇怪：因爲 Shake Shack 漢堡跟 In-N-Out 相比，令人驚豔的感覺實在高太多，支持 In-N-Out 的人難道沒吃過 Shake Shack 嗎？

我拿起菜單開始研究，才發覺差異在哪裡：Shake Shack 最基本、沒有菜、沒有起司，什麼配料都沒有，只有麵包夾肉的漢堡一個要價美金 7.79，相當於台幣二百五十元！我點的「ShackBurger」是台幣二百七十元，而同樣配料的 In-N-Out 漢堡只要台幣一百二十元。拿這兩間店比較，就像拿我家牛排去比茹絲葵，這樣不合理。

或許是因爲肉質、用料等級導致 Shake Shack 的漢堡成本高，但他們家的薯條很普通，奶昔對我來說也太甜膩。而當我依然震驚於 Shake Shack 的價位之時，聽到櫃檯有人居然點了一個要價台幣四百多元的白松露漢堡——不愧是華爾街菁英。

相較之下 In-N-Out 雖非驚人美味，卻擁有令人懷念而且想再訪的安定感。但 In-N-Out 從來不在美國以外開設分店，如果想吃就是得到美國西岸。認眞回想起來，我懷念的還是加州海岸的陽光搭上 In-N-Out 的奶昔，一旦離開了加州，就不是完整的享受。

第46道

名古屋蓬萊軒鰻魚飯

蓬萊軒的鰻魚飯是我此生吃過最極致的鰻魚飯，
後來再也沒有超越它的……
名古屋的鰻魚飯的確融合了關東關西兩方優點，
炭香味十足肉質又優雅，醬汁也令人印象深刻，提味卻不搶味。

二〇一三年三月十日，那應該是我人生中最值得紀念的日子之一。我從來沒有這麼長時間渴求於完成一件事情過，而且是伴隨著興奮與期待。我極度渴求完成 42.195 公里的全程馬拉松，也因此而拚命地練跑著，就在這一天我達成了。

名古屋是個極乾淨的地方，空氣品質好、水質清澈，街景沒多大特色但道路極平坦，的確是個適合跑馬拉松的城市。賽前兩天我嘗試了名古屋特產美食雞翅，鹹香皮酥又多汁，輕輕一吸就骨肉分離，根本不用啃。還有紅味噌炸豬排，濃厚的味噌醬裹在豬排上，看起來重口味但其實意外地順口。紅味噌香甜不死鹹，反而減低了炸豬排的油膩感，很下飯，還配了一瓶「紅味噌啤酒」，就是又鹹又甜的啤酒。朋友問我要不要去吃名古屋最有名的「台灣拉麵」，被我拒絕了，因為對台灣人來說，名古屋人發明、在台灣根本沒有賣的台灣拉麵吸引力不大。

・・・

比賽日早上，我的心情平靜大過於緊張——甚至可說是一點都不緊張。

「今天是我的另一個生日，是我重生的日子。」出發前我對伙伴這麼說著，沒有激情、沒有躊躇，只有堅定與喜悅。

終於，我與一萬四千多名女生一同起跑，展開這 42.195 公里的旅程。我在赴日前將能播放四個小時以上的歌單灌入隨身聽內，但一起跑後，我就立即摘下了耳機，我想好好感受這美妙的現場氛圍，於是再也沒戴上過耳機。我不發一語，只聽見自己的呼吸聲。

途中歷經了劇痛的地獄階段，我一度以爲自己無法完成……但一切的一切、這一年半來一切努力的原點，都是爲了證明自己已經變堅強了。我的人生曾走過被霸凌的孤獨童年、整整六年憂鬱症的時光，曾有很多人不相信我會好起來、不相信我走得出來，但我做到了。當我在摸索人生目標卻處處碰壁的當下，曾給予我極大撫慰力量的貓咪大寶離開世界……我決定放手一搏，我要完成一件過去覺得自己永遠不可能達成的目標，也足以證明自己變堅強，往後的日子無論遇到任何困難，我都有信心不會回到過去的黑暗。

「沒騙你吧！你姊姊是個很厲害、可以跑完四十二公里的人喔！你上天堂後我自己照顧自己就好了！」我在心中持續對譚大寶說著。

此刻，我因爲疼痛而掉下眼淚，卻也同時因爲喜悅而笑了出來。我邊尖叫邊衝進名古屋巨蛋，狂奔過最後一百九十五公尺。那感覺眞的太劇烈，彷彿壯闊的音樂在四周響起。通過終點線那一刻，我的心中帶著極巨大的喜悅，完賽初全馬的這天，就是我重生的日子。

・・・

賽後慶功大餐是名古屋最有名的「蓬萊軒鰻魚飯」，鰻魚飯在日本到處都有、台灣當然也有，能有多好吃？但蓬萊軒的鰻魚飯是我此生吃過最極致的鰻魚飯，後來再也沒有超越它的。

日本鰻魚飯的關東口味跟關西口味壁壘分明，光是烤法就非常不同，關東會先將鰻魚蒸熟，然後將長條魚肉切成塊狀後再串籤烤；關西廚師則是將鰻魚從頭到尾一起串起來全程火烤，沒有蒸的步驟。所以關西風的鰻魚比較焦香、醬汁口味甜、整體口感比較粗獷，而關東的鰻魚口感鬆軟不油膩，醬汁細緻。那日本中部的名古屋呢？名古屋的鰻魚飯的確融合了關東關西兩方優點，炭香味十足肉質又優雅，醬汁也令人印象深刻，提味卻不搶味。

名古屋鰻魚飯的招牌是鰻魚飯三吃：先將烤鰻魚鋪在白飯一起吃，然後再放上蔥花、芥末和海苔絲等佐料吃，最後可以淋上高湯做成茶泡飯，我在第三口吃了茶泡飯之後，就把剩下的飯全部做成茶泡飯了，高湯可以免費續。雖然已經喝了一堆高湯，但我依然把加價附上的鰻肝湯留到最後才喝，才淺嚐第一口，我就不由自主地驚嘆：「這也太好喝了吧！」

鰻魚是個很難處理的食材，細刺、土味都是料理難關，但烤鰻魚的頂點大概就是名古屋蓬萊軒了。

夜晚帶著飽足的肚子、快樂的心情跟幾乎瘸了的雙腿回到飯店，這絕對是我人生高光的日子之一，我的生命就在這樣的氛圍中重新開始。鰻魚飯在日本傳統中有補充能量、迎接好運的意義，自此之後，我有好長一段時間過著極順遂的馬拉松人生。

第47道

波特蘭 Voodoo Doughnut

Voodoo Doughnut的甜度，
是會令人Sugar high的標準美國甜度，
我覺得非常可怕，但隊友吃了一口就直上天堂，
一口氣嗑完三個之後，他說話造句已經變得有點像酒醉的狀態……

二〇一三年八月，我來到美國的奧勒岡州，就與美國各大機場一樣，下飛機通關時，波特蘭機場的移民署人員會向旅客詢問例行性問題。

「妳來波特蘭做什麼？」

「我來參加 Hood to Coast……」

「喔？那妳跑第幾棒？」

「我跑第一棒。」

「嗯……第一棒是很陡峭的下坡，不好跑喔！」

居然主動與我討論起棒次細節！可見這場賽事，對波特蘭城的居民來說無非爲一年一度的大事。

Hood to Coast 是什麼？已經有三十幾年歷史的HTC是全世界距離最長的接力賽跑，全長三百一十五公里，由一隊十二名跑者共同接力完成；整場賽事的地形變化相當大，從雪山跑到海灘，中途完全沒間斷。

每支隊伍都將會駕駛廂型車，車上有負責跑步的選手、司機，或是選手輪流兼司機，因爲得連續開車三百一十五公里，只要一名選手跑出去了，整台車必須要移動到交棒點將下一名選手放下去接棒。總之，就是一場很虐人的路跑賽事。

波特蘭的氛圍跟舊金山有點類似，氣候涼爽、生活步調慢，所以有一大堆早午餐名店，甜食也很多。我跟著嗜吃甜食的隊友來到當地的一間甜甜圈名店 Voodoo Doughnut。在那個網路社群風氣還不盛行的年代，Voodoo Doughnut 就已經開始販售千奇百怪的吸睛甜甜圈，置身粉紅到令人恍神的店面中，全身刺青、穿環的店員們在製作著五顏六色的手工甜甜圈，鮮豔色彩加上誇張的裝飾，在二十年前的確是個創舉，所以是全美皆知的超級名店。其實再幾年之後，巫毒甜甜圈曾一度來台北短暫展店，但最終歇業了。

在波特蘭 Voodoo Doughnut 本店除了買甜甜圈，居然還能合法舉行婚禮！得知他們店家的標語是「The Magic is in the Hole」（魔法藏在圓心裡）之後，我實在不能克制自己盯著甜甜圈中的洞……然後越看頭越昏。Voodoo Doughnut 的甜度，是會令人 Sugar high（高糖效應）的標準美國甜度，我覺得非常可怕，但隊友吃了一口就直上天堂，一口氣嗑完三個之後，他說話造句已經變得有點像酒醉的狀態……

嗯，吃完甜甜圈、頭暈決定立刻閃婚，難怪這裡有一條龍式的服務。

碳水化合物補充足夠，隔天我們啟程前往起跑線，伴著奧勒岡雪山壯闊的風景與杉木林、以及整場賽事所散發出的一九八〇年代迪斯可歡樂氛圍……車子不斷移動到一個又一個交棒點。我們在車上吃著香蕉與麵包，好死不死，我本來就是一個很容易暈車的人，睡眠不足加上停停走走的車行速度更是壓垮駱駝的最後一根稻草，夕陽西下前的炎熱高溫摧殘著虛弱的身體，我跑得生不如死。

接著輪到我完成自己的最後一輪棒次，已是深夜四點半，四周盡是伸手不見五指的黑暗。我戴著頭燈、穿著反光背心，跑在連手機都收不到訊號的原始森林，這確實是非常難得的體驗！

路途中，我遇到了一名黑人男性跑者，他的步速和我差不多，我決定與他跑在一起。他立卽在黑夜中察覺了我的存在，然後開始以言語鼓勵著我：

「沒關係，不要放棄！相信妳自己！妳可以做到！」

他如此堅定地回答意志消沉的我，我隨卽加快了腳步，就如同不能辜負他的鼓勵一般……最後我們完賽了！眼前是在沙灘的終點線，碧海藍天。卽使二十幾個小時沒洗澡、沒睡覺、沒好好吃一頓飯，但眼見奧勒岡海邊白沙與藍天構成的絕世美景，還是令人精神爲之一振。

我們最終花了二十八小時才跑完，但完賽的興奮感完全蓋過疲勞感，我跟隊友們手牽著手在夕陽下踏浪，直至夜幕低垂，那種超High的感覺就跟吃完甜甜圈一模一樣。

最棒的體驗，就是在一個平靜的城市，做些令人亢奮的事情。

第48道

夏威夷大蒜蝦飯

身爲連吸血鬼都怕我的愛蒜人當然是點「Butter Garlic Shrimp」，
那蒜可不只有一點點，存在感非常高但卻不會辛辣，
大蒜獨特的香氣融入奶油醬汁中，口味單純、乾淨又下飯……

「如果今天是世界末日，那夏威夷的人可以再多活一天。坐在海邊、望著夕陽，聽著ＩＺ的音樂揮揮手跟世界說再見。」夏威夷人這樣說……

這個情景是我所能想像最美麗的畫面，如果無法體會的人請去聽夏威夷傳奇歌手ＩＺ版本的〈Somewhere Over the Rainbow〉，在這個時差比全世界慢一天的島嶼，每天都能見到絕美彩虹。夏威夷的山海美景會令人變傻，而變傻對我來說是多幸福的一件事！

全年平均氣溫攝氏二十六度，海風是乾爽的，加上歷史文化的孕育，完全可以理解爲什麼許多世界富豪選在夏威夷置產。但這些富豪的幸福指數，跟躺在海邊曬太陽的原住民同等。夏威夷一樣有殘酷的貧富差距，只是在被上帝眷顧的陽光照耀之下顯得沒那麼重要。

・・・

我來過兩次夏威夷，一次跑半程馬拉松、一次跑全程馬拉松，分別是四月的「The Hapalua」以及十二月的「Honolulu Marathon」，都住在威基基海灘的酒店，光在附近走路逛街跟吃美食就令人滿足。我很喜歡夏威夷的食物，非常喜歡，可能是因爲受到衆多日本移民的影響，夏威夷人很常吃「飯」，例如台灣人也很熟悉的生魚丼飯「Poke」，還有根本就等於漢堡排荷包蛋蓋飯「Loco Moco」，另外就是我非常著迷的大蒜蝦飯「Garlic Shrimp Rice」。

在歐胡島（Kahuku）能吃到蝦飯，有餐車也有餐廳，我吃過位於北海岸的Fumi's Shrimp，老闆是台灣移民，但卻做出連美國人都會特地開車來吃的蝦飯。

蝦飯可以選擇要不要加大蒜，身爲連吸血鬼都怕我的愛蒜人，當然是點「Butter Garlic Shrimp」，那蒜可不只有一點點，存在感非常高但卻不會辛辣，大蒜獨特的香氣融入奶油醬汁中，口味單純、乾淨又下飯，屬於我很喜歡的蝦飯類型，可惜Fumi's Shrimp目前已經永久歇業了。

另外有間Giovanni's Shrimp Truck餐車人氣更高，有蒜味、檸檬奶油跟辣味，我本來想嘗試辣味，但因爲美國人受到墨西哥裔飲食的影響，美式辣度通常頗高，所以改點蒜味比較安全。相較於Fumi，Giovanni的蒜味更濃、更酥香，醬汁則較少，所以吃飯好像不是重點。即使吃完十幾隻蝦還是令人意猶未盡，見身旁每個食客都在瘋狂吸吮自己剝完蝦殼的手指，畫面實在很有趣。

說來夏威夷會變傻是眞的，夏威夷很可怕，當你從這個世外桃源回到家、打開行李箱，就會發覺箱內多了一堆莫名其妙的紀念品：會搖擺的草裙舞娃娃、黑皮膚的Hello Kitty、塑膠做的扶桑花髮夾……還有一堆手工香皂，我到底買這些幹嘛？但所謂的聰明消費，在這裡似乎也沒那麼重要了。

我只感謝上天的機緣賜福這塊瑰寶地，讓某人得以在碧海藍天下發明出蝦飯這道快餐料理。

第49道

關島查莫洛式燒烤

甜！濃！鹹！大量的肉……然後還是甜！
關島人超愛吃肉，他們對於海鮮的烹調手法不講究，
就是通通放上烤網烤一烤，
而豬肉倒是有許多醃漬方式與獨門醬料。

關島馬拉松是我跑過體感最辛苦的馬拉松之一，起跑時間相當於台灣的凌晨四點，而且這麼早開跑依然很熱！更別說關島的濕度比台灣高非常多。但關島馬拉松的優點，是如同夏威夷檀香山馬拉松一樣沒有時間限制，周邊觀光豐富，還是距離台灣最近的「美國」。

雖爲美國領土，但無論風景、人民、文化，甚至食物口味都很不同，關島的居民絕大部分是南島民族查莫洛人跟菲律賓人，房屋建設也爲西班牙式。

甜！濃！鹹！大量的肉……然後還是甜！

這是我對菲律賓料理的印象，在關島也是一樣，到處都在吃菲律賓燒烤，傳統靈魂醬汁中甜味的存在感很巨大。明明是海島，但關島人超愛吃肉，他們對於海鮮的烹調手法不講究，就是通通放上烤網烤一烤，而豬肉倒是有許多醃漬方式與獨門醬料。如果有人喜歡美式甜口味烤肋排，那來關島可以嘗試「阿嬤也能吃」的豬肋排，極度軟嫩，用牙齦一抿就骨肉分離了，根本不用咬。

來關島短短幾天，吃了好幾次查莫洛燒烤，但無論是烤玉米、烤魷魚、烤雞肉串還是炒飯調味都類似，我總覺得：那些醬汁就是烤豬肋排的甜醬汁，拜託請把它們放到豬肋排上面就好。

‧‧‧

馬拉松日的凌晨，嚴重睡眠不足的我緩緩來到起跑線。走向起點那一段路程完全沒有光源，大家都必須戴著頭燈，而跑者來自世界各地，但感覺半數以上是日本人。鳴槍起跑之後，沿著海岸線能逐漸看到晨曦，漆黑一片的海平面開始變得湛藍，然後逐漸透露出橙色光芒，沒一會兒金色的豔陽瞬間籠罩大地，刺眼、美麗，而且好熱好熱……

完賽後我簡直快虛脫了！躺在草地上望著天空，什麼都不想做。

「靖！妳要不要去吃東西？大會那邊有好多免費的食物耶！」同行朋友問我。

「喔，是什麼食物呢？」

「好像是燒烤。」

「喔……那妳去吃吧，我還要休息一下。」

我不想再吃那個超甜的燒烤了……

跑完馬拉松，隔天我也體驗了高度一萬四千英尺的高空跳傘，搭乘小飛機直攀升空，教練打開機艙門帶我一躍而下，冰凍的氣溫與墜落感令人腎上腺素飆升！同一天下午還去水肺潛水，關島的海底美得令人窒息，滿是五顏六色完全不怕人的熱帶魚群，密集度極高。

原來為了避免氣壓對身體的傷害，所以「潛水之後不能跳傘，但是跳傘之後可以潛水」……應該也只有來關島會把兩種行程安排在同一天吧？

在關島，我沒有看到任何人是哭喪著臉，無論老小，所有人都是堆滿笑容，跟他們的燒烤口味一樣甜。藍天、白雲，大海……這世界沒什麼大不了的事情。

第

50

道

紐約Peter Luger的牛排

熟成與高溫烹調不但沒讓肉質乾澀，
反而使得甜味凝縮在內部，
切開來是鮮嫩的五分熟，
牛油滿溢在瓷盤中，外酥內嫩，
一塊就濃縮了醇厚的美味……我很喜歡，非常喜歡。

已故的名廚作家安東尼・波登（Anthony Bourdain）說過一句話：「你拿一塊上好牛排給大猩猩煎，牠也會煎得好吃，那叫什麼廚藝？真正的廚藝，是把別人不要的食材煮成珍饈。」

這句銘言我完全贊同，比起和牛鐵板燒，我更偏好街邊的炒牛雜。牛排的美味度不就是看肉質、火候、時間控制決勝負？但直到我吃過紐約 Peter Luger 才發覺：這世界上還是有特別專精於料理牛排的職業——黑道。

・・・

紐約馬拉松一點都不好跑，這 42.195 公里跑遍紐約五大區，不斷地上橋、下橋、上橋、下橋，最後終點在中央公園的中央，還必須繞好大一圈才能走到地鐵站。寒風中我包著鋁箔披風保暖，掛著完賽獎牌、瘸著腿一步一步地往前走，一旁工作人員鼓勵著我們：「再四個路口就到外面了！加油！」

四個路口……你知道紐約一個路口有多大嗎？

我旁邊的美國跑者低頭嘀咕著說：「夠哩雪特……我覺得我永遠走不出去了……」

中央公園好大……原來紐約馬拉松眞正的難關是在完賽後！這一個深刻的經驗留給卽將參賽的跑者們做心理準備。

・・・

跑完全馬後會累到沒食慾，所以我跟朋友把重要的完賽大餐預定在隔天，也就是我們的紐約美食願望清單第一名：「Peter Luger Steak House」牛排館。

Peter Luger Steak House 由一個德裔移民家族經營，已經有一百三十七年歷史，曾歷經兩次世界大戰還屹立不搖。因爲只能以現金交易，再加上以前常有深諳其美味的黑手黨老大座上賓，甚至在店外發生尋仇槍擊事件，所以紐約一直有「Peter Luger 是黑道牛排」的傳聞，眞實性不得而知。

我們去的是布魯克林本店，木質裝潢陳舊、昏暗，富有家庭味，價格偏高但並不是高級法式餐廳所以不用正裝。菜單簡單品項不多，就是前菜、牛排、配菜跟酒，雖然也有提供羊排跟鮭魚，但不吃牛排的人應該不會來這裡？

Peter Luger 的招牌牛排採用美國農業部的「USDA Prime」極佳級肉品，功夫在於家傳的乾式熟成技術，而且烤得非常焦黑——簡直像是烤壞了一樣！其實是完美的梅納反應。熟成與高溫烹調不但沒讓肉質乾澀，反而使得甜味凝縮在內部，切開來是鮮嫩的五分熟，牛油滿溢在瓷盤中，外酥內嫩，一塊就濃縮了醇厚的美味，必須要說只有穀飼美國牛適合這樣強烈的烹調方式，如果習慣滋味清爽的澳洲牛、或偏好油花細膩和牛的人可能不會喜歡 Peter Luger？但我很喜歡，非常喜歡。

以前就聽人說過 Peter Luger 的培根超好吃，所以我們當然也點了前菜的厚切培根試試看，結果……那是我這輩子吃過最好吃的培根！

跟他們的牛排一樣，培根也是走一個滋味濃縮的路線，但油膩度居然比牛肉低。同桌好友有人覺得培根更勝牛排，其實也很合理，如果胃袋能爭氣一點，我也還會再加點一份培根。

最後甜點的德式蘋果捲爲膩口的美式甜度，我不太能接受，但每個人都可以得到一枚金幣巧克力，算是一種傳統？那也好吃。

隔了一天吃完大餐腿還是痠痛至極，但完賽獎牌配上金牌巧克力，這餐紐約馬拉松慶功宴有夠完美。雖然往後這些年陸續聽到有人評論 Peter Luger 走味，但回想起當時那一餐還是覺得心滿意足，很幸運我的味覺記憶是好的。

第51道 The Halal Guys 雞肉飯

夜晚燈光昏暗，我並沒有看清楚雞肉上醬汁的顏色，
就大大地舀了一口放進嘴裡……嗯，是熟悉的中東香料味，
但過了幾秒，一顆核彈就在我嘴裡爆炸了！
「這也太辣了吧！」

其實那年去跑紐約馬拉松，才抵達第一天我就得了流感，度過了極痛苦的一星期。每天高燒、呼吸道劇痛還流出深綠色滲血的濃痰，朋友出去觀光時我就躺在民宿床上。那是我人生至今最嚴重的一次感冒，一週後居然能完賽紐約馬實在是個奇蹟！更奇妙的是，跑完四十二公里，我的身體也完全康復。

「乾杯！Cheers！」嗯，我的咽喉說可以乾一杯了。

賽後那幾天都在跟紐約跑團的朋友聚會，通常不是一杯兩杯，而是一瓶兩瓶地喝。喝到放空總會想吃點食物，而十一月的紐約天氣非常寒冷，當地朋友說：「帶你們去紐約人平常喝完酒都會去吃的店！」

好啊！最喜歡這種在地人帶路的美食行程了！

於是一群人笑得東倒西歪、大聲喧嘩，但在這個連地鐵都二十四小時營運的不夜城並不會驚擾到任何人。

朋友領我們來到街頭餐車起家的 The Halal Guys 店面，一看名稱就知道賣的是穆斯林口味的料理，但我看排隊的人當中有八成都喝得醉醺醺，所以客層應該早已不只是禁酒的穆斯林了。

「要點什麼呢？」我問在地的。

「我來點，招牌是雞肉飯！」然後示意大家在門口等他。

這間小店的品項不多，就是有鷹嘴豆泥的牛肉、雞肉的捲餅或蓋飯，雖然大排長龍但出餐速度比漢堡店還快，不到兩分鐘朋友就端著兩大盤鋁箔碗裝的食物走出來，然後一人發一根湯匙分食。

這種料理在台灣並不普及，但在日本還算常見，販售 Kebab（烤肉串）的攤販也都會有蓋飯的選項，所以我一看就能臆測大約是什麼味道。誰知夜晚燈光昏暗，我並沒有看清楚雞肉上醬汁的顏色就大大地舀了一口放進嘴裡……

嗯，是熟悉的中東香料味，但過了幾秒，一顆核彈就在我嘴裡爆炸了！

「這也太辣了吧！」我用英語大叫出髒話，朋友馬上笑翻，就像整人成功一樣。

其他台灣朋友也紛紛嘗試，然後每個人都在鬼吼鬼叫！但奇妙的是，過了一會兒我口中的刺痛轉爲美味，甚至能嚐到豆蔻、茴香的層次，而且烤雞肉完全不乾柴，於是我又再舀了一口，然後又大罵……大家都是這樣循環了好幾次，沒幾分鐘就把整整兩大盤雞肉飯吃完了。

「這是你們平常吃的正常辣度嗎？」我問朋友。

「當然！紐約人喝完酒都這樣吃！」朋友露出理所當然的表情，但我相信他在亂講。

這果然是最適合冬天的醉後料理，因爲吃完不但全身發燙，連酒都醒了。

直到很久之後我才發現 The Halal Guys 的辣度是可以調整的，朋友故意把辣椒醬加超多整我們，如果下次再去紐約，我一定要吃正常辣度的雞肉飯，絕對會非常美味。

那一個晚上，我們的笑聲迴盪在街頭，空氣不再冷冽，我好喜歡這樣的紐約。

第52道

布里斯本 Bunker Coffee 的熱巧克力

雖然是咖啡店，專程來喝巧克力的人還不少……
「躲」在綠意盎然的防空洞內，
啜飲著苦甜平衡的溫暖熱可可，
在這種充滿安全感的氛圍中放鬆心情，
只要短短幾分鐘就能令人充滿元氣。

我很少吃甜食，我只喜歡一種甜食：巧克力。有趣的是，曾有嗜甜的螞蟻人朋友告訴我：「真正愛吃甜的人不會吃巧克力，因爲巧克力不是甜的。」

嗯，好像有些道理？我之所以喜歡巧克力口味的甜食，就是因爲它的苦澀與炭焙味、甚至是酸度都能中和掉甜膩感，讓甜食吃起來比較不甜。好的巧克力跟不好的巧克力非常容易分辨，品嚐高級黑巧克力時不能添加太多糖，只能用些許天然可可脂去圓潤它的口感，入口會有明顯香氣，隨著體溫提升也有前、中、後味的變化。比起咖啡，我更愛巧克力，有點不服氣爲何巧克力總被視爲「小孩子吃的東西」？

然後，眞正喜歡「巧克力」的人是不能接受白巧克力的，因爲白巧克力中根本沒有可可粉的成分……至少我是如此。

．．．

有一年到澳洲跑黃金海岸馬拉松，在當地造訪了不少巧克力飲品店，他們用精品咖啡的規格來研發巧克力飲，其中令我印象深刻的一間在布里斯本。

Bunker Coffee 是用一九四〇年代火車軌道旁防空洞改建而成的小咖啡店，外觀很明顯地就是一個防空洞，牆上布滿了無花果藤蔓，是天然的綠造景。

店家對咖啡很講究，澳洲各家得獎豆的手沖、濾泡都有，但我感興趣的其實是店內的巧克力飲品。這裡販賣了多達十幾種的巧克力飲，可以內用或外帶，都是用眞正的巧克力加鮮乳甚至搭配不同材料煮出來的。雖然是咖啡店，專程來喝巧克力的人還不少，內用空間非常小，大約只能暫坐幾個人，但「躲」在綠意盎然的防空洞內，啜飲著苦甜平衡的溫暖熱可可，在這種充滿安全感的氛圍中放鬆心情，只要短短幾分鐘就能令人充滿元氣。

・・・

澳洲是一個乾淨、單純，充滿正能量的廣大國度，而澳洲昆士蘭的黃金海岸馬拉松也是我參加過幸福感最高的一場賽事。昆士蘭觀光局給了我和朋友一本跟字典一樣厚的「行程」，我們就像參加闖關遊戲一樣前往對方預定好的地點體驗，除了跑四十二公里的黃金海岸馬拉松，還去離島餵食野生海豚、浮潛、高空跳傘、搭直升機、攀岩、泛舟、衝浪課……兩週內幾乎可以說是耗盡體力玩遍整個昆士蘭州。

布里斯本一塵不染的空氣、乾燥而舒爽的微風吹拂在臉龐的觸感，詼諧幽默的街頭壁畫旁，紮著包頭、全身刺青的鬍鬚男與朋友用澳洲腔英語談笑……這些畫面我依然記得一清二楚，馬拉松旅程的滿足感一直在心中滋養著我，如可可一般療癒。

第53道

沖繩香檸牛排

「嗯，和牛很油膩，檸檬應該是不錯的搭配？沖繩吃法還眞特別！」

……最奇妙的是那幾片「檸檬」，酸澀滋味跟牛肉完全搭不起來，

雖然香氣十足，但與肉味毫不合拍……

當年第一次去日本沖繩，目的是跑那霸馬拉松，其實是場誤會：沖繩有兩場主要馬拉松賽事，而我傻傻地以爲春天的沖繩馬拉松等於那霸馬拉松，於是獨自報名了沖繩馬，結果到了現場才發現根本是不同賽事……

四月的沖繩非常炎熱，跑起來一點都不愜意。傻傻地跑完了，總該吃點美食慶功吧？但當時對於當地什麼好吃我完全搞不清楚，最後一個人來到距離沖繩馬拉松會場比較近的美國村，挑了一家「好像」在網路上看過介紹的石垣和牛牛排館，點了菜單照片上放了兩片檸檬的牛排。

「嗯，和牛很油膩，檸檬應該是不錯的搭配？沖繩吃法還眞特別！」我心想。

沒幾分鐘後牛排上菜了，上頭果然放著幾片小小的檸檬……是檸檬嗎？怎麼有點像金桔？照理來說和牛比較肥軟，但點了五分熟度的我卻用刀子都切不太開，最淒慘的是當時我剛拆牙套沒多久，咀嚼起來異常痛苦，我不由自主地皺起眉頭，但爲了禮貌不剩食，我依然努力地吞下肚。最奇妙的是那幾片「檸檬」，酸澀滋味跟牛肉完全搭不起來，雖然香氣十足，但與肉味毫不合拍，最後只能被默默移到鐵盤的一邊。

對於那牛排的印象太深刻，直到回台灣之後，我才發現那不是檸檬，是「沖繩香檸」（シークヮーサー），也有人叫沖繩香檬，味道類似金桔，營養價值很高又很香，通常都是拿來做甜品。然後我吃的根本不是石垣和牛，石垣牛的價位不同，在另一張菜單上。最好笑的是，我以爲自己去的牛排館是有名的「88 steak house」，後來才發現自己去的是「BB steak house」，招牌寫起來很像，我實在有夠愚蠢……

經過十幾年，沖繩去了很多次，至今還是沒在此地吃到令人滿意的牛排，反而找到了令人魂牽夢縈的美味燉豬腳。最初的味覺記憶是一連串誤會所造成的誤解，但無損我探索美食的動力。

第54道

東京中目黑いろは的鵪鶉蛋芽蔥壽司

「芽蔥」是青蔥的幼苗，吃起來淡雅鮮美，
算是比較講究的壽司店才見得到的食材，
再打上一顆小小的生鵪鶉蛋，
讓整個口感變得非常圓潤，
是只要嚐過一次就會驚嘆的美味。

二〇一四年，我參加了東京馬拉松，那一年氣候特別寒冷，二月中旬依然白雪皚皚，路線行經新宿、皇居、品川、銀座、淺草、築地、台場……跑完這42.195公里，就等於遊覽了東京各大知名景點。除了是世界指標性的金牌賽事，還有精心扮裝的跑者、在路旁捧著巧克力爲大家加油的小朋友們……「專業」、「歡樂」與「溫馨」都是東京馬拉松的特色。東京馬拉松是抽籤制，所以我也只有參賽過這一次，但往後的每一屆都會到現場替台灣參賽者加油應援。

東京馬拉松改變我的人生太多！我認識了東京路跑團體AFE的日本朋友們，也結識了我的前夫，最後甚至旅居日本、嫁人生子，然後發生了好多好多事。不管那些日子是淚水比較多、還是歡愉的片刻比較多，有一點絕對要感謝東京馬拉松賜與的緣分：就是我因此知道了很多美食，這絕對是正面的。

．．．

東京路跑團體AFE的成員絕大部分從事時裝相關工作，他們居住、生活的範圍都在渋谷到中目黑這個區間，也因爲每週都要固定聚跑、然後動不動就聚餐的原因，我對這一帶的餐廳特別熟。中目黑車站附近好餐廳很多，幾乎沒什麼地雷，即使每天隨機選間新餐廳嘗試也絕對不會失望，但我們卻一天到晚去同一間店吃飯：不是幽靜的西式小店，更不是隱藏在巷弄內的高檔創意料理，而是位在大馬路旁二樓、看起來極爲普通的壽司居酒屋「いろは寿司」。

這間招牌不怎麼吸引人、一點都沒有名店氣勢的大衆日本料理營業到深夜四點，相較於吧檯中老派的壽司師傅、穿著圍裙的服務生阿姨，「いろは寿司」夜晚的客層居然大都是此區服裝業的時尚男女們，還有藝人、設計師、造型師，可以說是目黑區潮流人士聚集密度最高的一間餐廳，卽使這間店看起來完全不時尚。在這裡可以恣意地大聲談笑、大口喝酒，料理美味、品項豐富、價格便宜，還營業到凌晨四點……集合了這些條件還不夠完美嗎？

我們來這裡時必點「鵪鶉蛋芽蔥壽司」（芽ネギ&うずらの玉子）的軍艦壽司，「芽蔥」是青蔥的幼苗，吃起來淡雅鮮美，算是比較講究的壽司店才見得到的食材，再打上一顆小小的生鵪鶉蛋，讓整個口感變得非常圓潤，是只要嚐過一次就會驚嘆的美味。

說有多誇張就有多誇張，日本朋友們來「いろは寿司」的頻率實在是高得驚人，我們最高紀錄曾經連續三天來訪也不覺得膩，但我卻從來沒在這兒看過任何觀光客，店員完全不通外文，菜單必須用手寫，可能也是觀光客不會來的原因，但我想長得普通才是隱藏名店的最強保護色。

• • •

旅日多年後，因爲新冠病毒疫情國境封鎖，我也離婚回到台灣。再訪「いろは寿司」時兒子已經三歲多，我帶他去東京跟ＡＦＥ跑團的日本朋友們相聚，朋友當然預訂了「いろは寿司」！

當我又再度吃到熟悉的鵪鶉蛋芽蔥壽司時，淚水其實是在眼眶打轉的……或許未來有一天，我會重回東京馬拉松賽道。

第55道 鳥取松葉蟹

新鮮的松葉蟹是這樣的：
折斷關節、輕輕一拉就可以抽取出包滿的蟹肉，
一口咬下湯汁四溢……
馬拉松賽後我當然獨占了一整隻松葉蟹，
而我完全願意爲了松葉蟹再訪鳥取。

「我去過三次鳥取！」我對住在東京的日本朋友這樣說。

「什麼?居然有人去過鳥取?」日本朋友的反應很誇張。

我去跑鳥取馬拉松的時候，鳥取縣還是本島唯一沒有星巴克咖啡的地方，它常年蟬聯「全日本最鄉下」都道府縣，是全日本人口數最低的縣。聯外交通不方便，無論從哪裡前往都很耗時，但鳥取最著名的景點是一個在海岸邊的廣大砂丘，還有柯南博物館、鬼太郎村、絕美的自然景觀與三朝溫泉，但對我來說鳥取最值得造訪的誘因是螃蟹——松葉蟹。這裡是全日本松葉蟹捕撈量最大的地區，能以不到東京三分之二的價格大啖松葉蟹，對於甲殼類愛好者來說如同置身天堂！

馬拉松當天一大早，我與其他參賽跑者們抵達砂丘旁的廣場集合，雖然已經是三月天，鳥取的氣溫只有個位數，而起跑點的鳥取砂丘又位於海邊，海風相當大。鳥取馬拉松屬於中型賽事，人數不多，時限也沒有像日本其他的馬拉松大會一樣嚴格，如果只晚個幾分鐘到達也是放水給你通過，與一般分秒必爭的賽事相較之下，鄉下馬拉松顯得有人情味多了。

沿途寬闊的蕗蕎田景象令人心曠神怡，賽道途經鄉間、農舍，在這裡替跑者加油的應援民眾顯得特別不同；少了都市常見的年輕人，卻多了長輩與小孩子，甚至包括坐在輪椅上的老年人們，在鳥取冬日的暖陽照映之下，他們真摯的笑容更令跑者覺得很感動。

「看到這麼多有活力的年輕人在跑步，感覺又可以多活十年了！」經過養老院門口時，我聽到某位老先生如此說道。

「再活十年也太久了吧!?」旁邊的阿嬤立刻吐槽。

鳥取馬的賽道有坡度並不算輕鬆，但從起跑的第一公里，到完賽的第42.195公里，我腦中只有一個想法：跑完我要吃螃蟹。對於甲殼類的強烈食慾讓我克服一切困難，順利完賽。

日本的螃蟹種類很多，除了巨大的北海道帝王蟹（タラバガニ）之外，還有毛蟹（毛ガニ）、松葉蟹（松葉ガニ）、花咲蟹（花咲ガニ）、越前蟹（越前ガニ）、石川縣的加能蟹（加能ガニ）等等，其中松葉蟹和越前蟹、加能蟹是同一種名爲「雪蟹」（ズワイガニ）但產地不同的品牌螃蟹。

雪蟹的肉質非常細緻，而鳥取山陰地區的松葉蟹特別鮮甜。依據日本總務省家計調查，居民全年平均購買螃蟹的支出金額全國第一名就是鳥取縣，要是我住在產地，我當然也會每天吃。

新鮮的松葉蟹是這樣的：折斷關節、輕輕一拉就可以抽取出包滿的蟹肉，一口咬下湯汁四溢。雪蟹就是一種純粹「蟹肉美味」的極致，是優雅而有餘韻的，並不像帝王蟹雖然肉感厚實卻帶有某種特殊氣味。

馬拉松賽後我當然獨占了一整隻松葉蟹，而我完全願意爲了松葉蟹再訪鳥取，那獨特的鮮美是我對這塊鄉間土地的味覺記憶。

第56道

長野十割蕎麥麵

吃十割蕎麥不僅是要嚐它的口感，
還要嚐它濃烈的香氣，
吃完別忘了跟店家要「蕎麥湯」來喝，
那是烹煮蕎麥麵條的熱水，
含有水溶性維生素B，非常營養。

我是個無神論者，長野這個地方卻讓我相信神靈的存在。

佇立在戶隱神社高聳入雲的巨大杉樹群前，我能感受到山林中的能量引領著我前進，這裡冰冷的空氣是無聲而凝結的，除了鳥鳴，每一步踩踏在落葉堆時都會發出沙沙的窸窣聲，就像在對著遠方的「某個祂」耳語：「我要過來了！」

暖陽鑽過枝葉縫隙灑落在筆直小徑上，隨著越來越靠近藏匿在林間深處的千年鳥居，也逐漸進入一個時空縫隙的異次元中，那裡極度寧靜，而我會相信那就是神明的居住地。

我是因爲馬拉松才認識長野的，從此之後卻找到了一個「逃離塵世」的地方。定居東京時如果生活遇上壓力，我就會獨自搭車來到長野參訪戶隱神社，然後吃一份十割蕎麥麵再離開，那是一個自我淨化的儀式感。

・・・

長野是全日本地勢最高的縣，群山環繞又不靠海，再加上自古受佛教教義影響，這裡的素食文化普及，蕎麥麵就是以素食爲主的料理，很適合參拜神社、寺廟後享用。而名產十割蕎麥麵是百分百使用蕎麥粉、完全不添加小麥粉製作的麵條，因爲完全不含麩質、沒有黏稠度，製作起來極爲困難費工，而且口感跟一般麵條的滑順感和筋度很不一樣，所以非常不普及。除非去過特定餐廳、或是爲了避吃麩質而刻意選購十割蕎麥麵，不然一般外國人或台灣人一輩子都不會吃過十割蕎麥麵。

全世界最頂級的十割蕎麥麵就在日本長野縣，那是源自古時信濃國的傳統，由於咀嚼感跟一般麵條相異，所以也並非所有人都喜歡，但我認爲吃十割蕎麥不僅是要嚐它的口感，還要嚐它濃烈的香氣，吃完別忘了跟店家要「蕎麥湯」來喝，那是烹煮蕎麥麵條的熱水，含有水溶性維生素B，非常營養。

・・・

長野馬拉松是屬於田徑選手會特別去報名的一場指標性賽事，我也因此非常嚮往，但長野馬的大會時限非常嚴格，而比賽日前兩天，我才剛從完成半馬賽事的夏威夷搭機抵達日本，根本來不及在短短的兩天之內恢復疲勞，還得適應高達二十度的溫差，以及十九個小時的時差。

起跑日早晨我來到起跑線暖身，這裡櫻花綻放，但我緊張到快要吐出來；鳴槍後身邊選手一個接一個超越我，我的速度怎麼樣都快不起來……或許是因爲心裡壓力，一直都有「脈搏性耳鳴」問題的我，居然因心跳過快，才跑不到十公里就產生了嚴重的耳鳴現象，耳鳴伴隨著暈眩的感覺讓我非常痛苦。

我心頭一涼，想著：「完了……難道這次眞的會被關門嗎？」

我極度喪氣，甚至開始嚎啕大哭，淚水完全止不住。就在這一瞬間，身旁突然出現了一位白髮蒼蒼、個子矮小的老人跑者，不知爲何他的號碼布是金色的？

他踏著穩健的步伐，轉回頭對我說：「大丈夫！Follow me！」

什麼？腦中一片空白的我，就跟著老爺爺穩健的步速前進，漸漸地，我居然能看見終點線拱門了！我緊接著提起步伐狂奔，總之就是狂衝、死命地狂衝……最後幾公尺，我跑進長野奧運場館，瞥見身旁的學生們大聲且熱情地喊著加油，當我通過終點線時，察覺是大會時限一分鐘又一秒之前。天啊！我做到了！

當我想回頭向那名老爺爺道謝時，發覺他居然消失了……難道長野眞的有神明嗎？

可能就是這個經驗，讓我總把長野跟正能量連結在一起，所以之後又造訪了好多好多次，也得知原來金色號碼布的跑者，是連續完賽長野馬十屆以上的資深跑者，的確是如「神明」般的存在。

長野縣曾是全日本平均壽命最長的地方，老人健康指數也很高，除了因爲好山好水好空氣、居民有運動習慣之外，被研究出常吃蕎麥麵也是很大的主因。

曾思考過如果哪一天要定居日本，我想我會選擇長野縣。

第57道

靜岡さわやか的漢堡排

用的卻是百分百純牛粗絞肉，油脂並不多，日幣1,540元的價位當然也非品種和牛，卻有驚人的肉汁溢出，口感也是具嚼勁的，完全跳脫了一般人對於「漢堡排」的認知。

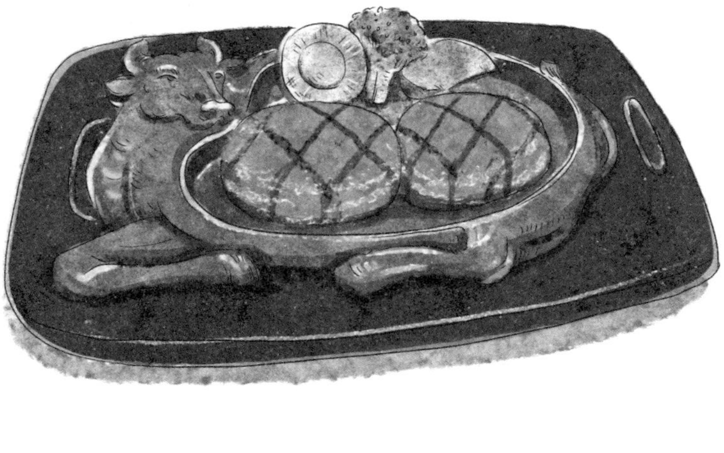

去靜岡要吃什麼美食？綠茶、海鮮丼、鰻魚飯、櫻花蝦或炸豬排，更熟門熟路的人會說靜岡煮與富士宮炒麵，但如果詢問日本人一模一樣的問題，往往會得到這個答案：「さわやか」。

「さわやか」是一間洋食家庭餐廳，就跟樂雅樂、薩莉亞、Denny's或Gusto一樣是普通的連鎖店，氣氛全家和樂、價位親民，但店裡卻有一道招牌料理「げんこつハンバーグ」（拳骨漢堡排）紅遍全日本，據說也是「爆彈漢堡排」這種形式的始祖？

燒燙的鐵板中有個跟拳頭一樣巨大的漢堡肉球，店員直接桌邊服務把它切成兩半，再用金屬長叉用力壓扁，此時絞肉內的水分跟空氣接觸到熱鐵板、經過擠壓發出「嘰嘰」的尖銳聲音，沒一會兒淋上客人選擇的醬料：招牌洋蔥醬或法式多蜜醬，就指示可以開動了。

好吃嗎？怎麼可能不好吃？但我第一次吃的時候有嚇一跳——其實每個人第一次吃都會嚇到，因爲那漢堡排卽使經過鐵板加熱，還是維持只有五分熟，除非去主打高級肉品的漢堡店，應該很少人吃過半熟的絞肉排。

日本的漢堡排大多是牛豬混合絞肉，但「さわやか」用的卻是百分百純牛粗絞肉，油脂並不多，日幣1,540元的價位當然也非品種和牛，卻有驚人的肉汁溢出，口感也是具嚼勁的，完全跳脫了一般人對於「漢堡排」的認知。

常聽到有人詢問：「漢堡排這麼生眞的沒問題嗎？」

至今是沒有發生過食安疑慮，而且成爲讓「さわやか」大排長龍的招牌菜單，每間分店到了吃飯時間必須排隊一、兩個小時才得以入座。如果是帶小朋友或孕婦去吃，擔心漢堡排太生的話也是有全熟的漢堡排品項可以點，但點的人不多，因爲半熟肉才是「さわやか」的特色。

「さわやか」之所以這麼熱門的原因還有一個關鍵：它在靜岡縣內有三十幾間分店，但在靜岡縣以外完全沒有任何分店，老闆也堅持不到縣外展店，你想吃就得來靜岡，所以對許多日本人而言，「到靜岡就要吃さわやか」已經成爲一種儀式感。

・・・

我第一次吃到「さわやか」是因爲來參加靜岡馬拉松，當然之後每次來靜岡都會朝聖。靜岡馬拉松路線中可以透過清水港瞭望宏偉的富士山，可惜我參加的那屆比賽當日的天氣狀況非常惡劣，氣溫攝氏不到九度，大雨滂沱；不只選手們跑起來費力，工作人員與加油團更是辛苦……

但無論是補給站的志工、指揮路線的工作人員，甚至加油民衆們都淋著大雨在爲跑者們應援。海邊的冷風讓志工們直打哆嗦，卻沒有任何一個人露出倦容。動人的不只是志工，許多日本跑者在跨過終點線之後都會回頭向終點線鞠躬，代表的是一種感恩的心，感謝這場賽事、感謝老天爺，以及所有應援的人，因爲大家的支持與幫助自己才能完成這場挑戰。

我看到一位耗盡氣力的跑者跨過終點後隨即倒下，但機警的醫療人員在他趴地前就衝上前將他攙扶住了；他看起來非常疲累，整張臉濕透得令人分不出是雨水、淚水還是汗水，但他依然堅持要回頭向終點線敬禮，於是醫療人員便攙扶著他、轉過身，深深地一鞠躬。在大雨中看到這景象的我也忍不住落下淚來。

我一直相信「馬拉松場上最美的風景是人」，即使因天候狀況不佳而少了美景，依然無損於這場賽事的美好。而賽後的漢堡排，是辛苦得來的獎賞，這才是造訪靜岡該有的一套標準流程。

第58道

北海道湯咖哩

碗中有油炸得綿綿鬆鬆的北海道男爵馬鈴薯、牛蒡、紅蘿蔔，
再搭上骨肉分離的多汁軟嫩雞腿，
那就是湯咖哩最經典也最完美的組合。
辣度可以自由選擇，我喜歡吃完會微微冒汗的刺激感。

二〇二四年，台灣陷入了一陣「蘇丹紅事件」的恐慌，本來只能作爲塑膠染劑、有肝腎毒性的有機化合物被僞裝成食品原料，摻入辣椒粉、胡椒粉、咖哩粉等等，而蓄意進口蘇丹紅食用的李姓負責人被收押，檢警還在他的前妻家天花板搜出兩千萬現鈔。

台灣受害最大的不只是消費者，還有在不知情之下使用被污染原物料的餐飲業者，當時見到台灣的北海道湯咖哩專賣店門口掛上「停售」字樣，心中百感交集。

湯咖哩是北海道人發明的咖哩，每家的湯頭跟配方都不一樣，而與其說是「咖哩」不如說是「香料藥膳湯」，能讓人在嚴寒氣候中暖和身心。再加上當地特產的極高品質蔬菜，湯咖哩很快就流行到全日本甚至台灣。比起傳統的濃稠日式咖哩飯，我更喜歡清爽的湯咖哩，因爲鹹度不高，所以我通常不配白飯，碗中有油炸得綿綿鬆鬆的北海道男爵馬鈴薯、牛蒡、紅蘿蔔，再搭上骨肉分離的多汁軟嫩雞腿，那就是湯咖哩最經典也最完美的組合。辣度可以自由選擇，我喜歡吃完會微微冒汗的刺激感。

記得當年參加北海道馬拉松時吃過幾間湯咖哩，似乎從來沒有踩雷過？不好吃的湯咖哩或許根本不存在於北海道。近幾年台灣也有湯咖哩店了，雖然不如日式咖哩飯那麼普及，但受到女性、健康主義者歡迎。不過這個美味的味覺記憶，卻令我直接聯想起這則特別的往事：北海道千歲馬拉松是我此生跑過最悠閒的芬多精馬拉松，還因此結交到許多好朋友，但之後卻與蘇丹紅事件有了連結。

．．．

北海道夏季路跑賽事行程非常緊湊，畢竟盛夏依然涼爽能跑步的地方不多，已經舉辦了四十幾年的千歲馬拉松主會場距離國際機場很近，對外地跑者來說非常方便。

二〇一五年，比賽當天我與馬拉松旅行團的成員一起抵達起跑點「青葉公園」，眼前的景象著實令我讚嘆不已！我從來沒有在夏季來過北海道，我也從來沒想到北海道初夏的森林如此驚人翠綠！山林中枝葉參天，遮蔽住近中午的豔陽，只見些許藍天白雲，豎起耳朵還能聽見充滿生命力的蟬鳴。

山林中碎石子地的道路觸感相較於平滑的柏油路，碎石子地跑起來辛苦很多，而初夏北海道的原始森林充滿「生命力」，跑著跑著就會有毛毛蟲掉到頭上，或是小飛蟲直撲臉頰，據說某屆的北海道千歲馬拉松還有人目擊棕熊，於是主辦單位只好緊急停賽。

賽道幾乎都是順著千歲川的溪流前進，潺潺流水聲療癒感十足，但夏季假日的千歲川河畔風景優美、氣候宜人，懂得享受生活的北海道人怎麼會放過這個機會呢？當然是攜家帶眷、舉家到此燒烤BBQ啊！雖然此時已接近終點，但這整整近兩公里充滿烤肉香味的跑道還是令跑者感到又好氣又好笑：熱情的民眾一手拿著烤肉串、一手拿著啤酒在替跑者們大呼加油……

我在心中大喊一聲：我好餓啊！

然後便立即加快了腳步，彷彿忘記腳底的疼痛感般一路衝到終點。

一同參賽的台灣團員之中，居然有人跑完初全馬還在終點單膝下跪向女友求婚！這實在讓人感動！我當時發自內心地祝福他們的愛情也如這場賽事一般「長跑」，而且整路充滿美麗景色與愉悅感，賽後我們去居酒屋慶祝了一番，跟小倆口拍了不少合照，當然也一起吃到了美味的湯咖哩。

．．．

多年過去，二〇二四年看到電視新聞上有著熟悉的身影，我才驚覺當時那位在北海道千歲跑完初馬還下跪求婚的團員，就是進口蘇丹紅的李姓負責人，而被他求婚的女朋友，就是在家中天花板被藏了兩千萬現鈔的離婚前妻。

在蘇丹紅事件風暴擴大時，因爲台灣湯咖哩店家不確定原料是否被摻入了蘇丹紅，所以只好在換原物料商之前預防性停售。這個味覺記憶，實在令我不由得聯想起我的北海道千歲馬拉松跑友，他曾是一個浪漫而追求健康的人，有點諷刺。

第59道

上海徐匯區五星海南雞飯

雞油飯非常美味就算了，白斬雞的品質也很好，軟嫩卻帶有嚼勁，醬汁十分鮮美，而海南辣椒醬、蔥薑醬可以自己續加，光是這個無敵醬料就可以配好幾碗飯。

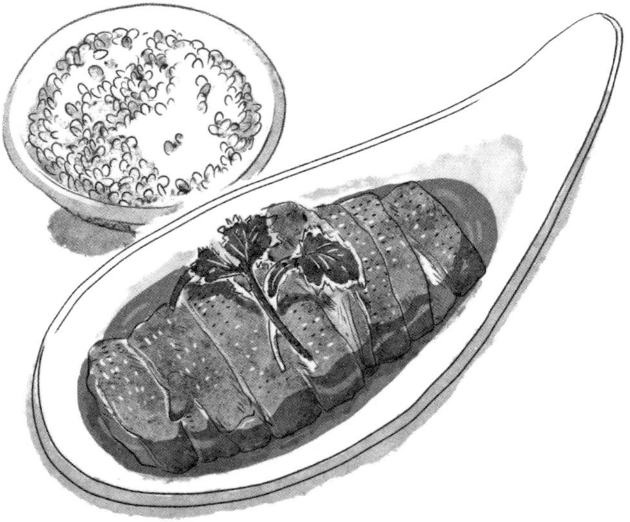

全世界最好吃的日本料理在日本，而到台灣要吃台菜、到越南要吃越南菜……這個定律對我來說在中國上海不成立。

人生第一次去上海時我嚴重腹瀉，完全停不下來那種，我心想：自己又不是第一次來中國，什麼麻辣鍋、科技狠活都吃過，這次怎麼會吃壞肚子呢？結果後來發覺應該是飲用水的大腸桿菌污染，但之後再去就神奇地免疫了。

再次去上海是爲了參加上海馬拉松，活動內容並不僅是參賽跑步，我們還有機會與來自世界各地的路跑團隊交流。

紐約跑團 Bridge Runners 代表說：「我們追求的是把跑步『加入』你的生活，你不需要爲了跑步而『減去』什麼。你不需要爲了跑步早睡早起，你不需要爲了跑步戒酒，你不需要爲了跑步犧牲與朋友共處的時間……你只要將跑步放進你與同伴的生活之中。」這一席話讓我受益良多。

馬拉松比賽當日，我決定不管完賽時間，與朋友們一同完成這二十一公里。而十二月初的上海又濕又冷，夜晚氣溫低到只有個位數，清晨卻又常常下雨。才通過起跑線沒多遠，賽道上就滿是被丟棄的雨衣與垃圾四散一片，我們都得一邊跳過地上的雨衣、一邊閃避擋路的走路工，還得注意是否有突然衝過來朝跑者拍照的路人大嬸。身旁穿著維吾爾傳統服飾的路人亂入衝進跑道，後來又見有電動機車趁交通警察分神時騎過賽道，大叔叼著菸在路旁催促跑者快跑……總之就是一片混亂。

「我以為舊金山的山坡已經夠極限了，沒想到上海是另一種挑戰啊……」

我如此說著，朋友也苦笑不已。

．．．

狼狽完賽後，我們去吃了間一份套餐要價近千元人民幣的高檔上海菜，無論是應侍態度或外語能力，服務員的服務專業度的確是一流的。但緊接著一道道冷菜上來了，看肉不知道為什麼長得不太精緻，比較像用大碗做的肉凍隨意切了切，然後燻魚的味道就是一個字「甜」，除此之外嚐不出別的滋味。美國人朋友吃了一口，發覺是甜口味的魚肉時，紛紛嚇到停下了筷子，這對他們來說太震撼了！

之後的主角是大閘蟹，那蟹黃蘸上鎮江香醋真的是極品，很感謝外國人不太敢吃，於是我一個人吃了好幾隻，但之後的煨麵、甚至甜品都極普通而不精緻，並不符合這間餐廳的服務品質與價位。第三次到上海洽公，我又去吃了好幾間受當地人好評的上海菜，也不知道是不好吃還是不合胃口，同樣有味道沒層次、料理過於粗製的問題。

我心中不禁在想：「是台灣的上海菜太好吃？還是這才是真正上海菜的味道？」

上海的小籠湯包也是一個經典，包子皮非常糟糕，雖然知道台灣的鼎泰豐是改良口味，但心中還是不免拿來比較。對我來說，上海最好吃的反而不是高級餐廳，而是連鎖平民美食小楊生煎包。

・・・

第四次來上海，拜訪了住在上海的廣東朋友，朋友問我要吃什麼？

我說：「什麼都好，不要上海菜就好。」

朋友笑著回答：「我在上海也從來不吃上海菜。」

於是她帶我去了徐匯區新樂路的一間五星海南雞飯……來上海吃海南雞飯？

這間小餐館位在上海精華地段的小路中，四周有種台北民生社區的氛圍，顧客大多是上班族也有住在當地的外國人。菜單很簡單，全雞、半雞或部位，雞飯跟一些熱炒菜、飲品，價格並不貴。令我意外的是，雞油飯非常美味就算了，白斬雞的品質也很好，軟嫩卻帶有嚼勁，醬汁十分鮮美，而海南辣椒醬、蔥薑醬可以自己續加，光是這個無敵醬料就可以配好幾碗飯。以上海物價來說性價比稍高的平衡味道，沒什麼好挑剔。

從此之後，我只要每到上海洽公，都會來新樂路吃海南雞飯做午餐。如果想嘗試好吃的上海菜，在台灣吃就好了。

第60道

香港蓮香樓的馬拉糕

一口咬下，我嚇了一跳！
表皮有些黏度，但蓬鬆、濕潤，帶著不膩口的甜度……
沒幾秒鐘我就吃完一大塊了。
蓮香樓的馬拉糕是偏油膩的，可能就是充足牛油讓它香氣十足？

我跑過兩次香港渣打馬拉松，從尖沙嘴跑到港島，坡度高高低低，並不輕鬆，其中最特別的路段是平常只有車輛能通行的海底隧道，但隧道內是半封閉空間，或許因爲換氣不足，跑起來疲憊感很高，而且香港的厲害跑者不少，所以對我來說是場有壓力的賽事。

在香港除了跑渣打馬，大帽山、龍脊、飛鵝山的自殺崕我都爬過，還有夜晚從太平山頂奔馳而下的經驗：太平舊山道極度狹窄、陡峭，有些路段甚至伸手不見五指，只能藉由喘息聲與隨身物品的攜帶碰撞聲，來辨識其他跑者的確切位置。

香港夜景美到令人屏息，山路下窺偶能瞥見驚豔人心的中環都心，那些好似刀鋒一般銳利的華美建築就隱身在樹林縫隙的視界中，清晰至極的奢華奪目而刺眼。自從開始實踐「以跑步認識一個都市」後，這個姿態的香港，是我過去造訪幾百次都沒看過的。

・・・

港式食物非常合我的胃口，父親是香港人，所以小時候對於飲茶文化很熟悉，「港式服務態度」我也不排斥，只要食物好吃就好了；香港人的臭臉跟不耐煩只是因爲個性急，並不是眞的帶有惡意。而香港的茶樓等級分明，高檔餐廳跟庶民小店的差異非常巨大，但那差異卻是在裝潢、服務，不是在食物。平價餐廳能吃到與昂貴餐廳同樣美味度、甚至更高的料理，只是得忍受黏腳的地板、把手指插進碗裡的服務生，還有衛生極糟糕的廁所……嗯，爲了美食，我忍！

每次跑渣打馬拉松，都一定會去吃中環蓮香樓，這間老牌飲茶幾乎見證了香港的變遷與歷史，甚至兩度歇業重開，在香港餐飲史中有著不可抹滅的地位。

在這個不寬敞也不氣派、不整潔的空間中，「觀光客」與「老常客」壁壘分明，而吵雜、擁擠、混亂……年輕人挑剔的缺點全都有，所以確實也只有「觀光客」與「老常客」這兩種客人。

在這裡，食物是靠自己爭取來的！

當阿姨推出餐車時，一定要站起來去搶！不然就會見到蜂擁而上的人群，把熱門的點心品項通通選光光。我覺得蓮香樓的腸粉非常好吃，大部分的點心都不精緻，但很夠味，飯類則是要人數夠多再點。說起來很慚愧，剛開始造訪時因爲搶食的功力太差，結果最後阿姨的推車上只剩下馬拉糕，而且因爲時間太晚所以不再出菜，對於不想吃甜食的我來說覺得白來一趟……

「唉，既然吃不到其他點心，還是嚐嚐看馬拉糕吧？」我拿了兩塊胖胖的褐色馬拉蒸糕，還熱騰騰的，看了看是大塊蛋糕切下的邊角的部位，一口咬下，我嚇了一跳！表皮有些黏度，但蓬鬆、濕潤，帶著不膩口的甜度……沒幾秒鐘我就吃完一大塊了。蓮香樓的馬拉糕是偏油膩的，可能就是充足牛油讓它香氣十足?傻傻的我，後來才知道原來馬拉糕是他們的招牌點心之一。

往後每次來香港跑馬拉松，我都會到蓮香樓吃馬拉糕。要飲茶的話我會多花點錢去安安靜靜、不用搶食的餐廳，但蓮香樓的氛圍卻無可取代。

第61道

柏林啤酒

德國之光，應該還是啤酒吧？
我很喜歡喝酒，只要有酒就萬事足，
而德國的啤酒種類繁多，花香味、果香味跟苦味完美平衡，
比日本啤酒有趣很多。

人生至今跑過的最後一場全程馬拉松，是二〇一七年柏林馬拉松。搭上整架班機都是男性空服員的陽剛土耳其航空、吃了好幾餐香料味十足的鷹嘴豆沙拉飛機餐，從台北飛到無線 Wi-Fi 永遠連不上線的伊斯坦堡機場中轉。熟門熟路的朋友說：「伊斯坦堡機場的 Wi-Fi 就跟會戲弄人的土耳其冰淇淋一樣：看得到吃不到。」

經過好幾個小時，終於踏上初次造訪的德國柏林，九月分的最後一週氣候意外地濕冷。有幾個狀況我覺得很有趣：在德國我就算踮著腳，也看不到飯店房間門上的貓眼門鏡，還必須搬張板凳站在上面；還有坐在馬桶的時候腳碰不到地。我身高一百六十二公分，在這裡算是小矮人，跟每個人對話都得抬頭。

說起食物，來訪之前曾被好幾個朋友警告：「歐洲食物最難吃的第一名是英國，第二名是德國！」

但我覺得沒那麼誇張，或許因為我非常喜歡德國酸菜的味道，尤其用 Sauerkraut（德國酸菜）煮的湯，鮮美到不行，還有各種起司、果醬配上有嚼勁的黑麵包。期待很高的烤豬腳卻不太討喜，豬皮上的毛太多了，看到心裡實在過不去，各種香腸鹹度也太高……我覺得在這裡飲食最大的問題是選擇少、蔬菜少，亞洲胃如我差不多第二天就到處找有沒有越南河粉店了。

德國之光，應該還是啤酒吧？

我很喜歡喝酒，只要有酒就萬事足，而德國的啤酒種類繁多，花香味、果香味跟苦味完美平衡，比日本啤酒有趣很多。我喜歡皮爾森（Pilsner）的輕盈感、博克（Maibock）的焦糖甜味，但搭配菜餚時辛辣的口感也很合適。

在德國十四歲就可以在有家長陪同的情形下合法喝啤酒，聽起來不可思議，但德國十四歲的青少年已經比亞洲絕大多數的成年人都高大，或許他們的身體質量比較早熟？

這次跑柏林馬拉松根本是爲了啤酒而來，聽說終點有免費提供無限暢飲的啤酒！雖然賽前我幾乎完全沒練習，也很久沒跑「LSD長距離慢速訓練」，但柏林馬拉松之所以被譽爲「最速賽道」，就是因爲超級簡單、超級好跑，零坡度就算了，只要沿著地上的指引線條跑，最後完賽就是不多不少的42.195公里。

因爲台灣精品是大贊助商，所以柏林馬到處都能看到「TAIWAN」字樣，非常親切。而柏林馬最令我驚訝的是德國民衆的應援：本來以爲德國人是比較不苟言笑的，但在大量啤酒加持下，醉醺醺的民衆顯得超級熱情！沿著賽道賣力大喊加油，完全沒有冷場的時候。

・・・

柏林馬拉松是一場很棒的賽事，眞的很棒，柏林的啤酒也好喝，這是我所完成的第十五場全程馬拉松，照理來說是會繼續跑下去的，但造訪德國的這幾天，我天天在半夜收到日本丈夫傳來的歇斯底里訊息，因爲我不在他身邊，造成他的極大不安感，我拖著賽後疲累的身體、忍受時差與睡眠不足，不斷地安撫他的情緒。

「好，我趕快回來，我再也不會出國去跑馬拉松了！」

我如此答應他，他才終於恢復平靜。就是聖母情結作祟吧？爲了放不下的人，寧願放棄自己摯愛的事物。自此之後即使再美味的啤酒入口，我也無心品嚐味道，這是我第一次的德國、最後一次的德國、最後一次的馬拉松。

回顧起這段日子，短短幾年之間，我從一個大病初癒的憂鬱症患者，爲了紀念愛貓大寶的陪伴而努力完賽馬拉松、證明了自己，然後成爲路跑KOL、暢銷作家，帶著極大正能量在全世界跑來跑去。這些年所發生的一切，是我生命中最幸福、最燦爛的記憶，我曾經快樂過。

但當我選擇了成爲一個好妻子，便停下奔跑的步伐、把自己的光芒縮減到最低，生活重心只有輔助丈夫的事業，那是我自己選擇的路，我想用賢慧又幫夫的角色換取被愛……直到我再度找回自己，已經是很多年之後了。

未來的某一天，我一定會重回馬拉松賽道，到時候完賽的那杯啤酒一定很甘甜，我要對自己的人生乾杯。

輯三、

旅日時期的味覺記憶

第62道

東京Dancing Crab手抓海鮮

服務生把已經預拌好醬料的各種甲殼類、扇貝、玉米、筆管麵，一口氣直接倒在桌子上，紅色醬汁噴濺得亂七八糟，搞得像命案現場……問題來了，才剝兩隻蝦殼，手指頭就開始發燙！

記得與前夫的第一次約會，我一張照片都沒拍，因爲兩個人的手太髒了，根本沒人想去拿手機。

我一直以爲跟日本人約會是很拘謹的，應該要正裝，去只能小聲講話的法國餐廳看夜景……結果沒想到他預定了在新宿的 Dancing Crab，那是一間吃美式手抓海鮮的新加坡餐廳，從頭到尾用不到刀叉！還有造型跟 Tokyo Sky Tree（東京晴空塔）一樣的啤酒高塔，讓在場所有年輕人都醉醺醺的，音樂非常大聲，而且每個時段店員還會有秀舞表演，整間店吵到不行，非常歡樂！

Dancing Crab 不是只有主菜要用手吃，連沙拉、甜點都是野人風格，當指尖接觸到冰冰涼涼沙拉醬的那刻，心中的淘氣髒小孩模式瞬間被啟動！各種亂啃亂丟，甚至把醬汁弄到對方的鼻子上！前夫直接用手指頭把我門牙縫的蘿蔓生菜渣挖下來，然後一口放進自己嘴裡……

我提高八個音度大叫：「別這樣！」

他這調皮的舉動讓我笑到牙齦都露出來了！

之後上海鮮，服務生把已經預拌好醬料的各種甲殼類、扇貝、玉米、筆管麵一口氣直接倒在桌子上，紅色醬汁噴濺得亂七八糟，搞得像命案現場。兩人都愛吃辣，所以我們選了最辣等級的肯瓊醬，Dancing Crab 的祕方除了美式香料，還多了魚露跟泰國辣椒的東南亞風味，招牌醬料的勁道沒有爲了配合日本口味而減低，吃起來非常刺激。問題來了，才剝兩隻蝦殼，手指頭就開始發燙！

我決定先去洗手，然後戴上店家提供的手套，但少了觸感吃起來感覺也不對，此時前夫自告奮勇把所有甲殼類處理好，我只要張開嘴被餵食就好。

店員秀舞也是酒品的促銷時間，我點了一杯忘記是什麼的特調，只記得日本人沒有要節省酒精的意思，那個濃度就像希望客人越快喝醉越好。

而店員送上調酒時對前夫說了一句：「是女朋友嗎？好漂亮！」

前夫：「對啊，是台灣人。」

店員：「果然如此！台灣女生都很漂亮呢！」

我又開心又害羞，因為那段時間前夫把我到處帶出去跟人宣傳，感覺像撿到寶一樣，這讓我覺得非常受寵。

吃完那餐很滿足，食物好吃、氣氛好，而新宿的夜晚燈火通明，並沒有因為步出餐廳就轉折為冷靜的氛圍，我們還是依偎著對方一邊走一邊笑。我開心到哭了出來……在跟他交往之前我因為對愛情的恐懼而單身了四年，或許我還是值得被愛、值得幸福的吧？

這是一段美好的回憶，美好的味覺記憶。

第63道

池袋　壬生肉そば

碗公中裝著蕎麥麵、涮豬肉片、蔥花、海苔，然後沾食另一個碗公中的醬汁來吃，分量非常巨大……然後夾起大口麵跟肉沾著，呼嚕呼嚕地吃下肚。這種蕎麥麵的吃法有夠粗獷！

剛認識前夫時，我一直以爲他的職業是平面設計師，我問他，他也說他是平面設計師，直到決定交往之後，他才告訴我他的職業是「成人色情片的平面設計師」！我當下傻眼，但也很讚賞他的誠實，因爲他早早就告訴我這件事，如果女生不能接受就根本不要再走下去。

「很多AV封面都是我設計的，我的工作是看大量成人片。」

他很老實地什麼都說了。其實我得知消息之後不但沒有反感，還覺得非常興奮，腦中浮現出了一萬個問題想問……

之後他跟我分享了滿多業界祕辛，包括他們封面設計師會遇到的問題：例如他們得想辦法在有限空間中塞入大量標題、標語跟照片，但日本法規常臨時公告被禁的新詞彙，例如突然有天早上他收到「JK」（女子高中生）這兩個字被禁，所以一口氣改了數百張封面圖檔，改到快瞎了，但即使漏掉一個最小字級的JK也不能送印。

「你這個工作會造成冷感嗎？」

「我不會，但剪接師會。」

「你們公司有女員工嗎？」

「後製沒有，但拍攝現場有很多女員工，化妝師、FD（Floor Director：現場指導）都是女生。」

「嗯……你看過最奇怪的片是什麼？」

「一部在刷牙的片，從頭到尾都沒有裸露，就是不同女優對著鏡子刷牙的臉……就這樣！」

「賣得好嗎？」

「這部賣超好！日本超變態！」

某次他在家加班，用電腦給我看他的硬碟，裡頭有好幾TB的影片無碼原檔，他說這是公司的重要資產，只有幾個資深的設計師能把檔案帶出來。然後我也漸漸地習以爲常，之後當Netflix上映眞實人事改編的《AV帝王》影集時，他說他的老闆就是其中一個角色的原型。

・・・

當時他的公司在池袋北口，那是一個非常奇妙的地方，都是小型加工廠跟中國餐館，那些中國餐館只有中文菜單跟招牌，店員也不會說日文，相較於池袋其他區域，北口完全沒有觀光客。

我有時會趁他午休去找他一起吃東西，而他最愛去吃一間很特別的蕎麥麵，叫做「壬生」，其實正式全名是「池袋壬生（なぜ蕎麦にラー油を入れるのか。）」（爲什麼在蕎麥面裡放辣油），碗公中裝著蕎麥麵、涮豬肉片、蔥花、海苔，然後沾食另一個碗公中的醬汁來吃，分量非常巨大、價格非常便宜。

整間店除了我之外看不到其他女性顧客，勞工朋友倒是不少，每個人都在醬汁中淋入很多辣油，再打進一顆免費的生雞蛋攪拌，店家就直接放一大籃雞蛋在桌上讓人自助取用，然後夾起大口麵跟肉沾著，呼嚕呼嚕地吃下肚。這種蕎麥麵的吃法有夠粗獷！

其實那辣油並不辣，但香氣十足，加了生雞蛋口感會圓潤很多，一碗才台幣一百多元，肉量不少，能吃得很撐、重口味又營養。

辣油蕎麥麵原創店是二〇〇二年在東京虎之門的「港屋」，而沾麵吃法由「爲什麼在蕎麥面裡放辣油」公司改良——沒錯，公司名稱就是如此冗長。

好吃嗎？非常好吃，但因爲分量實在太大，除非爲了跟前夫約會來到這裡，我自己並不會獨自去吃。

我至今還是很喜歡池袋北口的異世界感，辣油蕎麥麵是我對這裡重要的味覺記憶之一。

第

64

道

日式調酒的各種嗨

酒精濃度高達9%的檸檬沙瓦，朋友在便利商店幫我買了大罐的，
那一罐後座力非常驚人……身體不舒服，回憶卻是極快樂的。
那些味道，不管好的壞的、進去的、出來的，都是味覺記憶。

住在日本的生活脫離不了酒精，幾乎……不，根本就是每天都在喝，久而久之代謝能力變得很強，中午還在因宿醉生不如死，當天晚上又開始乾杯，但身邊日本朋友痛風跟脂肪肝的人不少。

日本有自己的庶民調酒文化，最經典的是各種大同小異的：燒酎加蘇打水，再加上各種果汁或飲料，然後就會變成各種沙瓦、各種「チューハイ」(Chuhai)，簡稱「各種嗨」。常見的是檸檬沙瓦、烏龍茶嗨、綠茶嗨……我喝過「青汁嗨」，健康的青汁加燒酎，到底是健康還是不健康？然後在沖繩能喝到「薑黃茶嗨」，解酒用的薑黃茶加燒酎……矛盾大對決？

① Highball——威士忌加蘇打水。

② Red Eye——番茄汁加啤酒，會帶有些許氣泡感的番茄汁。

③ Shandy Gaff——薑汁汽水加啤酒，有辣味的刺激感。

④ モッコリ——啤酒加韓國馬格利濁米酒，香甜卻清爽，也可以加黑啤酒。

下町的老派居酒屋有一種調酒叫「金魚」，做法是燒酎兌蘇打水或冰水，再放入一小根乾紅色辣椒、一片新鮮紫蘇葉，用透明玻璃杯裝著就像金魚悠游在有水草的魚缸中，看起來非常有情調，味道也是好的。

相較於燒酎，清酒比較少被當成調酒，但在天冷時日本人很喜歡喝「熱燗」，就是熱清酒，也有「温燗」（溫清酒）。在熱清酒中放一片乾的烤魚鰭，通常是河豚魚鰭，稱爲「ヒレ酒」（魚鰭酒），喝起來像高湯。另外在關東煮店有清酒加關東煮高湯的這種「出汁割り」喝法，是冬季限定的美味。

我非常喜歡喝熱燗，也會在自己家自己做「ヒレ酒」，冬季便利商店就有賣可以泡進酒裡的魚乾，最高紀錄曾經一次喝光一千八百毫升的清酒，之後完全斷片。

每週三的晚上，我會跟丈夫與東京跑團的朋友們在池尻大橋的「文化泉浴」澡堂前集合，然後一起跑到渋谷再跑回來，洗完澡會去附近的橋墩下喝「ワン缶」（瓶裝酒）——就是在便利商店買好瓶裝酒，跟朋友在公園喝個一罐再解散，也算是種儀式感？

印象很深刻，當時剛出了一種酒精濃度高達9%的檸檬沙瓦，朋友在便利商店幫我買了大罐的，那一罐後座力非常驚人，我一直存放在胃袋裡，撐到搭了末班電車回家，才連同消化液一同送給馬桶。

身體不舒服，回憶卻是極快樂的。那些味道，不管好的壞的、進去的、出來的，對我來說都是味覺記憶。

第65道

渋谷どうげん的涼麵

帶有嚼勁的博多拉麵細麵，拌上豆芽菜與清爽醬汁，
冰冰涼涼的一入口就會震驚——又是他們店家的獨門鮮與甜！
……加上一顆生蛋黃則是菜單上沒有的隱藏吃法，更加濃郁順口。

道玄坂的大斜坡是我在東京最熟悉的地方之一，來來回回不知道走過多少遍？從109的交叉點開始往上爬，行經Uniqlo、MOS漢堡，然後會經過渋谷「百軒店」這個風化街區的牌坊。

百軒店其實很有歷史，一九二三年關東地區發生了造成十萬人罹難的大地震，伴隨著火災與強風助燃，原本繁榮密集的下町區域損失特別慘重，之後、上野精養軒、資生堂、聚楽座劇場全都搬來屬於邊郊區塊的「渋谷町」避難，那時可說是道玄坂的鼎盛時期。但隨著鐵路建設完備，大公司又全部搬回下町老城區，只留下少數酒吧、咖啡店苟延殘喘，而這些小店卻又在東京大空襲中被炸毀……

戰後復甦，小吃店、電影院開始來到渋谷百軒店，創於一九二六年、專門播放古典音樂的「名曲喫茶ライオン」也重新開業，這裡才逐漸轉變爲一個富有情調的商店街。百軒店曾是風化產業的暗巷，現在卻開了些看起來有點「潮」的小餐廳。不只知名的live house，包括丹麥精釀啤酒「Mikkeller酒吧」也設在此處，東京年輕人很愛來。

常有人問我：最推薦東京的哪間燒肉店？

我會看狀況回答，因爲我最喜歡的那間燒肉店不一定適合別人，那是位在道玄坂百軒店區塊內的「どうげん」，名稱就是「道玄」的平假名。

「どうげん」店面狹小，只有日文招牌、日文手寫菜單，位置在奇怪的花柳巷內，但每晚都高朋滿座，不接受預訂，生意好到卽使排隊候位也不一定吃得到。因爲沒空調，夏天來吃絕對是場硬仗！只能用桌上附的扇子自力救濟一下……

而熟客走進店內都會先跟店員要「垃圾袋」，然後把自己的外套、包包放進垃袋裡包起來，這樣才不會沾染到燒肉的味道。

這個到處堆疊著垃圾袋的店家，食材用的居然是A4等級和牛，CP值很高，只要吃一次就會完全忽略店面簡陋的問題！獨家祕方醬汁更是極品，不是一般常見的濃稠烤肉醬，而是清爽還帶有高湯的甘甜鮮味，前菜的韓式醃豆芽菜我每次都會吃掉兩份。

涮涮燒是將A4和牛薄片涮烤幾秒至三分熟，一入口，溫潤的油花頓時在舌間化開，贅沢的美味令人欲罷不能。和牛薄片還有另一種吃法：包蘋果細絲，蘋果的脆口加上和牛的軟嫩鮮甜很驚人！另外還有蔥鹽牛舌是我喜歡的薄切牛舌，吃過幾次之後，我認眞懷疑他們的「鹽」很厲害，才能帶出所有食材的旨味。

日本好吃的燒肉不在少數，「どうげん」對我來說最特別的卻是它有販售一種涼麵料理，日文名稱是「ザ・麵」，「The・麵」的意思——這名稱同時傳達出兩種意義：最好吃的麵，還有老闆懶得取名字。

帶有嚼勁的博多拉麵細麵，拌上豆芽菜與清爽醬汁，冰冰涼涼的一入口就會震驚——又是他們店家的獨門鮮與甜！說那是我人生中吃過最好吃的涼麵一點都不爲過，加上一顆生蛋黃則是菜單上沒有的隱藏吃法，更加濃郁順口，重點是這盤涼麵在其他地方吃不到！

既然「どうげん」那麼棒，爲什麼我不一定會推薦給別人？某天帶著朋友來嘗鮮，我對店員示意點單後馬上得以入座；但之後來了幾個金髮老外，店員卻直接揮了揮手說「No」，眼見店中尚有位子，然後那幾個位子便一直空到打烊，這或許也是間因語言隔閡而選擇性接待客人的店家。

第66道

ANA經濟艙飛機餐的壽喜燒飯

我吃飛機餐一律選日本料理……壽喜燒醬煮牛五花肉非常美味，微甜不過鹹、肉味十足，豆腐事先煎過才燉煮，配菜還保持翠綠，是一道沒人會失望的完美經濟艙飛機餐。

這十幾年間往返台日幾乎都是搭乘全日空ＡＮＡ的班機，雖然在機上用餐的機會很多，但我沒有特別挑剔於飛機餐品質，爲了不增加空服員工作量，通常不會預選特殊餐，但日本航空公司的一般餐點總是不會令人失望。

每次上飛機時都在想：「今天會是什麼料理呢？」也是種期待感。

無論商務艙或經濟艙，ＡＮＡ普通飛機餐一定會有「和食」、「洋食」兩種選項，空服員會提供餐盒內容的照片給乘客選擇，不用盲目猜測。避雷的方式就是不要選「麵食」，無論義大利麵或是炒麵，麵食只要經過微波加熱就會變得軟爛難以入口，選米飯通常是比較安全的，所以沒意外的話我吃飛機餐一律選日本料理，除非那天ＡＮＡ經濟艙的洋食有提供紅酒燉牛肉，它搭配的主食是馬鈴薯泥，牛肉非常大塊且軟嫩，美味度遠勝過其他國家航空公司的商務艙飛機餐。

ＡＮＡ的經濟艙飛機餐裡面，有一道和食經典料理讓我很在意：壽喜燒牛肉飯。

壽喜燒醬煮牛五花肉非常美味，微甜不過鹹、肉味十足，豆腐事先煎過才燉煮，配菜還保持翠綠，是一道沒人會失望的完美經濟艙飛機餐。對日本人來說，「壽喜燒」怎麼能沒有蛋！但總不能在飛機上給客人生雞蛋吧？

於是ＡＮＡ的空廚爲了色香味俱全，在餐盒中放了切半的水煮蛋，但這個水煮蛋的形狀過度完美，蛋黃的位置就正好在蛋白的正中間！而且餐盒不是都經過充分加熱嗎？爲什麼蛋黃還是半熟的？

我偷偷瞄一眼了其他乘客的和食餐盒，每個人的水煮蛋都長得一模一樣！研究了一下才確定，這果然是假的蛋！應該是用模子分別做出了蛋白與蛋黃再組合，但口味與口感是自然的，雖然不知道是如何做出半熟蛋黃的口感？

「爲了加一顆蛋要下多少功夫啊？」我不由自主讚嘆空廚的用心。

我認爲無論什麼航空公司，點最普通的餐點才能看出這家航空公司對餐食是否重視，即使踩到地雷我也不會抱怨，畢竟搭飛機不是爲了吃飯，能安全準時地把我送到目的地比較重要。

ANA的經濟艙白酒、番茄汁好喝，啤酒有數種不同品牌可以選擇，而熱飲除了咖啡與茶之外還有熱高湯，但鹹度有點高。搭日籍航空公司的唯一缺點是機上娛樂系統貧乏吧？幾乎沒有新的電影，除此之外我都很想念，期待某一天能再與這優雅的湛藍機翼相遇。

第67道

富士山頂的日清杯麵

雖然山上的日清杯麵要價不菲，
味道也跟便利商店賣的一模一樣，
但在海拔三千多公尺的火山口居然能吃上一碗熱呼呼的泡麵……
這就是人生願望清單打勾勾的成就感吧？

要價台幣一百七十元的日清杯麵吃起來有什麼不同？

那不只是從心頭暖到指尖，鹽分也充分滋養了身體，雖說人處在高海拔的味覺較遲鈍，反倒讓高湯嚐起來更加淡雅溫潤。美景呢？倒是沒有美景相伴，富士山的震撼之美必須要留在山腳下遠觀，眞的爬上去了只有光禿禿的火山口與碎石。

我從來沒有爬過海拔一千公尺以上的高山，人生第一次登山就是爬富士山，而且是單攻當日來回。帶隊的是一位爬過四十幾次富士山的朋友，另外再加上其他朋友共十一人，所有成員都沒有爬過富士山，但就只有我一個人完全零登山經驗。

至於爲什麼敢參加？是因爲我評估自己跑過十幾次全程馬拉松，體力應該沒問題，然後有去合歡山玩過，應該沒有高山症，所以就這麼傻傻地成行了！

選擇「單攻」也是大家討論後的結果，我們這群人很奇妙，居然沒半個人對在富士山看日出這件事有興趣，大家都只想攻頂。而比富士山更吸引我們的，是富士急遊樂園。

我們將富士急安排在單攻富士山前一天，早上一入園直衝世界金氏紀錄最大的鬼屋，工作人員指示各組旅客要分開，但我們身後緊跟著一對日本情侶，那女生不斷地發出嬌嗔的聲音，把整個氣氛弄得很尷尬，眞人裝扮成的鬼又特別喜歡嚇吊車尾的人，根本輪不到我們。在醫院主題的鬼屋之中，一行人感覺像在醫院查房的主任醫師。據說走完全程要一個小時，我們不到二十分鐘就快步巡完。

雖然每個遊樂設施都花了很多時間排隊，但富士急內響徹雲霄的尖叫聲眞的是世界第一！當搭乘雲霄飛車爬升到制高點、遠眺富士山美景時，我跟身旁的朋友說：「很難想像我們明天就要爬上那裡啊～」

正在感動之餘，車頭就急速俯衝！左右狂甩！我一度嚇到以爲自己會頸椎脫位……玩了一整天已精疲力盡，聲音也叫啞了。

隔天凌晨天未亮就出發，得先開車繞富士山半圈，才能抵達我們的富士宮登山口。一般來說登富士山都會選擇山梨縣的「吉田口」，坡度比較平緩，路線爲Z字型，離富士急樂園也很近，但因爲那路程太長、觀光客太多太塞，沒辦法單攻，所以我們才會去比較陡峭的靜岡縣「富士宮口」。人生中第一次登山的我，全程在讚嘆發明登山杖的人應該要得諾貝爾獎，然後就這麼傻傻地登頂了！

在與日本最高峰的立牌合照之後，很有儀式感地去買了一碗山頂泡麵來吃，雖然山上的日清杯麵要價不菲，味道也跟便利商店賣的一模一樣，但在海拔三千多公尺的火山口居然能吃上一碗熱呼呼的泡麵……這就是人生願望清單打勾勾的成就感吧？

吃完泡麵，下山才是場硬仗。全部武裝的我在山頂神社看到一群美國壯漢在合照，他們全員赤裸上身、僅穿著紅色小短褲，在日本的聖山頂神社高舉美國國旗……他們是想表示爬這座山很簡單嗎？確實不難爬，有自動販賣機、有公廁、山頂還有泡麵，但給人方便，並不表示不值得尊重與敬畏。

火山小碎石滑到無法撐登山杖，我幾乎是一路跌下山的，臀部滿是瘀青，雖然吊車尾，那碗杯麵的熱量卻支持我完成這趟單攻。

有人說爬富士山是郊山，在富士宮口確實能看到許多極輕裝的人登頂，但我們同行有人高山症發作，每年也都會有人意外失去生命，還是不能大意。

爬過富士山之後，再次看到富士山時感受有什麼不同嗎？沒有太大的差別，但卻從神聖感多了一份親切感，而我永遠記得山頂泡麵的味道。

第
68
道

北池袋Shrimp Bank的甜蝦皮蛋豆腐

最讓我激賞的是一道叫「甜蝦皮蛋豆腐」的創作系前菜，就是皮蛋豆腐但多了滿滿生甜蝦，整個美味度大幅提升。鮮味四溢而且口感非常圓潤，還能嚐到麻油的香氣。

每年的生日我都會去同一間餐廳慶生，其實沒有要慶祝什麼也會特別去。生蠔台幣六十五元、酒蒸大白蛤蠣或貽貝台幣兩百元，而整隻活龍蝦做刺身加上兩人份的蝦頭味噌湯才不到台幣五百六十元，CP值極高而且非常美味！

問題只在於這間的餐廳地點很奇特，居然位在池袋北口的平和通深處。

池袋車站北口是我旅居東京時每星期必訪的地方，因爲在這裡有一間叫做「陽光城」的二十四小時中國超商，裡頭除了販賣在一般日本超市找不到的中華料理食材，也有不少台灣商品，像新竹貢丸、桂冠火鍋餃、台灣鹹鴨蛋、皮蛋、新東陽肉鬆或是妞妞甜八寶，價格也合理。

但如果再往北池袋裡面探索，將更能感受到這條中華街的神祕氛圍，例如專門播放色情電影、充滿昭和時代氛圍的迷你電影院，然後再散步個幾分鐘，就會進入一條名爲「平和通」的巷子，這裡的中國餐館從招牌到菜單完全看不見半個日文字，只有簡體中文寫著「麻辣烫」、「兰州拉面」、「串串香」……如果你跟店家說日語，有些店員感覺還似懂非懂。

除了中華料理店家外，有一間極美味且性價比超高的海鮮小酒館「Shrimp Bank」，這間小店的位置非常隱密，在平和通尾端、根本不可能會有過路客的辦公大樓夾層中，招牌也小到不行，可以說是標準的「隱藏美食」。熱愛甲殼類海鮮的我因爲研究池袋資訊而意外發現這間店，一訪之後此處便成了每年吃生日大餐的固定餐廳。

以整體風格來說，Shrimp Bank 算是間藏酒量豐富的義式酒館，小小的店面中擺放了許多水族箱，裡頭有螃蟹、蝦、貝等大量活海鮮，所以也有點台式海產店的感覺？並不是很優雅，若選擇坐在吧檯的位置，還有可能被水族箱中的新鮮蚌類噴得滿臉水……

這裡招牌菜是活龍蝦兩吃，龍蝦生魚片鮮嫩彈牙，只要沾上些許海鹽即可感受到不同反響的甜度跟Q度！富有滿滿蝦膏的蝦頭剁半熬成兩人份的味噌湯，湯頭醇厚濃稠集滿精華。另外，酒蒸巨大肥碩的白蛤蜊、貽貝也是一絕，吃完後的湯汁一定要交給師傅拿去煮成義大利麵，吸飽貝類精華的手工雞蛋寬麵可讓如我一般自詡爲「海洋殺手」的甲殼類愛好者直奔天堂，但也只要一千多日圓，簡直比吃拉麵還便宜！

其實最讓我激賞的是一道叫「甜蝦皮蛋豆腐」的創作系前菜，就是皮蛋豆腐但多了滿滿生甜蝦，整個美味度大幅提升。鮮味四溢而且口感非常圓潤，還能嚐到麻油的香氣。

來訪多次，我問過老闆：「平常有外國客人嗎？」

老闆說：幾乎沒有。但我卻忘了問他們當初爲什麼會開在這個地方？

當深夜酒足飯飽之後步出店外，發現自己居然身處在人煙罕至的北池袋平和通之中，那種奇妙的感覺也是挺醉人的。

第69道

東京板橋ニューー加賀屋的梅水晶與鹽辛馬鈴薯

梅水晶，切碎的透明鯊魚軟骨混拌著日本梅子泥，
一入口是強烈的鹹酸甜……
還有鹽辛馬鈴薯，在烤得燒燙的北海道馬鈴薯中放上鹽辛，
也就是以花枝內臟加上醃、鹽、酒麴醃漬，極度鹹鮮！

旅日期間，某天男友問我是否願意同宿並共同分擔房租？我一口就答應了！

我才因出版跑步書的周邊效應賺進人生第一桶金，手頭還算餘裕，但男友在AV公司的薪水也不算多，生活有點辛苦。所以我們折衷找到位在板橋區的公寓，坪數雖不大，月租費卻只要日幣九萬多元，以東京的平均租金來說非常划算！

東京板橋跟台灣新北市的板橋同名但沒有淵源，屬於二十三區中知名度最低的地方，除了語言學校的留學生之外，幾乎沒有外地人會來觀光。板橋安靜、物價低，不少從外縣市來東京闖蕩的人會選擇住在這裡，搭JR埼京線進城上班非常方便，其實我覺得是個很棒的住宅區。

「妳有在這裡生活的覺悟了嗎？」他問我。

「嗯。」

哪需要什麼覺悟？我沉浸在異國戀情所帶來的愉悅感之中，刺激、不安而美好，東京的一切人事物都令人充滿期待。

．．．

經過搬家入厝第一天的忙碌，晚上整理事務總算告了個段落。

「要不要去喝一杯？」我問他。

「嗯，但這邊我也不熟，車站附近應該有吃的。」

我們倆散步走往靠近JR車站的街邊，先問了因爲《孤獨的美食家》電視劇版而爆紅的內臟燒肉店「山源」……嗯，果然沒位子。轉個彎又看到附近一間「大衆酒場ニュー加賀屋」，木拉門搭著白色暖簾，旁邊有個漫畫版的搞笑武士招牌，很明顯是主打平價親民風格的家庭式居酒屋。站在門口就能聽見裡頭傳來客人的陣陣談笑聲，店員的回應也十分爽朗，我喜歡這樣溫暖的氛圍。

「試試好嗎？」我笑著對他說。

於是我們拉開門走進了這間乾淨明亮的小店，有吧檯、有餐桌椅，也有需脫鞋的榻榻米座席。雖然有菜單，但大部分限定料理跟日式調酒都是以手寫紙條黏貼在牆面上，品項非常之多，串燒、烤魚、小菜、一品料理與炸物一應俱全。客層是附近的上班族甚至街坊鄰居，朝日生啤酒五百五十日圓，冰涼透心。

「日本的啤酒就是好喝啊！今天辛苦了！」

「不好意思委屈妳了，讓妳住在這種破地方……」男友突然對我道歉。

「你在說什麼？這邊很棒啊！」

我是眞的覺得這個新家很棒啊！身爲一個在異地展開新生活的外國人，無論身在何處，日本的一切都令我感到驚奇不已。但對極重視品味、畢生嚮往進入高端潮流圈的男友而言，現在卻得蝸居在毫無時尚度的低價住宅區……同樣是迎向新生活，兩人卻在心情方面有極大溫度差。

「來點吃的吧！」我試圖用笑容轉換氣氛，而我確實也餓了。

男友點了幾道小菜：梅水晶，切碎的透明鯊魚軟骨混拌著日本梅子泥，一入口是強烈的鹹酸甜，但隨之而來又有股海洋鮮味，甚至可說是有點腥，是視覺上很美麗、味覺上非常刺激的一品。

還有鹽辛馬鈴薯，在烤得燒燙的北海道馬鈴薯中放上鹽辛，也就是以花枝內臟加上酶、鹽、酒麴醃漬而發酵過的花枝，極度鹹鮮！花枝因爲奶油馬鈴薯的溫度變得半熟，口感也圓潤許多，有種類似高檔藍起司般的異香。

「好吃！」我大聲地讚嘆！吧檯的老闆跟員工們見到我居然像個孩子一樣開心，也全都笑了出來。

酒足飯飽後散步回家，我對他說：「我很開心，謝謝你帶我認識這些，我在台灣從來沒有吃過！」

「哈，這些東西在日本很普通好嗎？」

我能從他的眼神中看到惆悵，跟一個什麼都不懂的外國人在家庭居酒屋吃著普通到不行的小菜……這不是他要的生活。

「往後的日子我們一起加油吧！」

「嗯，請多多指教。」

板橋的街頭夜色昏暗，柏青哥店霓虹燈搭著凌亂的電線桿，我還是覺得很美。

⋯

我們在板橋度過了一段恬淡的日子，時常散步來ニュー加賀屋吃飯喝酒，我每次都換點不同的下酒小菜，像是在進行某種挑戰吧？但因爲品項太多永遠都嘗試不完。

往後幾年男友離職、創業，然後結婚、家暴……又歷經了好多好多，大部分是揪心的痛苦與爭執，這段東京愛情故事變得跟我想像中不太一樣。直到他終於遇上伯樂而飛黃騰達，我們從板橋搬家到涉谷，距離原宿鬧區很近。我們每天穿著限量球鞋受邀參加時尚派對，過著五光十色的跑趴生活，喝醉了就搭計程車回家，再也不用趕末班電車擠沙丁魚……但我卻再也找不到一間像板橋ニュー加賀屋那樣樸實溫暖的地方。

無盡的壓迫、背叛與失去信任，多年後我帶著孩子淨身出戶，身無分文地回到台灣……然後，波濤洶湧終趨於平靜，我又在台南展開了全新的人生篇章；跟一開始的東京生活一樣，沒有錢卻擁有眞實的快樂。現在看到前夫的社群帳號，身爲潮流活動的座上賓，名人生活飛來飛去行程滿檔，不知道在他心中是否依然記得板橋這塊小地方？

如果有天能回到東京板橋，我會再去ニュー加賀屋喝一杯，點幾道小菜：梅水晶、鹽辛馬鈴薯……享受一點味覺的刺激，然後再挑戰菜單上當初沒吃到的料理。

「うまい！」（好吃！）

大聲說出這句話的那刻我可能會哭吧？是帶有惆悵感而愉快的眼淚。同樣的空間、同樣的氛圍，我的人生卻已經走了一大圈。食物對我來說不只是味覺，也是生命記憶，這也是爲什麼我會開始寫美食文，我想用這個方式來療癒自己。

第70道

東京板橋山源烤牛腸

就跟電視劇中演出的完全一模一樣，內臟本身脂肪多，尤其烤牛腸時，總會造成燻到令人睜不開眼睛、堪稱火災等級的煙霧！吃個飯搞到像在密閉室內放鞭炮！

東京都的板橋區是我曾居住的地方，生活感很重、一點都不熱鬧，除了居民跟外國語學校的學生之外，幾乎沒有外地人會特別來到這裡。便宜、便宜、便宜，問起任何一位板橋居民住在這裡的優點，我想無論是誰都會提到這完全不像是東京二十三區內該有的物價水準。

我也覺得住在板橋並沒有生活在東京大都會的感覺，恬淡、步調慢、一切簡簡單單。撇除人擠人的JR埼京線，板橋是個舒服宜居的地方，只是每當我對台灣朋友說自己住在「板橋」的時候，他們都會問我：「那妳會去新北耶誕城嗎？」

別開玩笑了，東京板橋的房價根本不到新北板橋的五分之一吧？

・・・

板橋車站附近有間內臟燒烤店「山源」，它是純家庭式經營的簡陋燒肉店，在店門口貼著一張小小破破的松重豊照片，但知道的人就知道它是在《孤獨的美食家》電視劇版中登場的店家。招牌料理是品項豐富的牛內臟、連子宮（コブクロ）跟睪丸（やホーデン）都有，處理得乾乾淨淨且無丁點兒腥羶味，吃飽喝足也差不多只要日幣三千多圓，以燒肉店來說是極平實的價格。

記得我跟前夫初次造訪那一晚，我們才剛打開門、走進店內就馬上嚇呆……

因爲店內白茫茫一片，甚至看不清楚座位在哪裡，我心想：在這種環境下吃飯對健康眞的沒問題嗎？正當有點猶豫要不要放棄離開的時候，老闆娘從煙霧中如仙女一般現身，非常親切地招呼：「請問幾位呢？」

啊，好吧，就坐下來試試看吧！店員端上小小的炭爐，我們點了必點的牛腸跟橫膈膜，價格便宜、分量不多，卽使人少也可以多吃幾種品項是令人高興的事情，吧檯座位有很多獨自一人的上班族。但就跟電視劇中演出的完全一模一樣，內臟本身脂肪多，尤其烤牛腸時，總會造成燻到令人睜不開眼睛、堪稱火災等級的煙霧！吃個飯搞到像在密閉室內放鞭炮！

客人個個都是一把鼻涕一把眼淚、咳嗽聲不斷，雖然食物眞的很好吃，鹽味牛腸油潤鮮甜又有嚼勁，但我們實在是沒辦法再坐在裡面加點了……

離開結帳時我們問老闆娘：「是抽風機沒開嗎？」

老闆娘不好意思地說：「有開，但眞的還是不夠……」

沒想到濃煙居然成爲這間燒烤店的特色，還被眞實地寫進連續劇劇本中。吃山源燒烤時的狼狽，絕對是我板橋生活中令人印象深刻的一個篇章，又好氣又好笑。

記得那天回到家之後，我把所有衣褲洗了兩次才洗淨油煙味，之後每次經過山源門口，前夫問我：「要吃嗎？」

我都會猶豫很久，其實它也總是客滿——沒錯，住在板橋好幾年，我們只吃了那一次山源。

這些充滿生活感的小趣事是幸福感滿溢的，那是我人生中很重要的一段回憶。

第
71
道

淺草地下街的龜壽司

龜壽司的醋飯是溫熱而蓬鬆的，
習慣吃連鎖壽司店冷醋飯的人反而會覺得詫異吧？
因爲機器壓的醋飯都是緊實的，米飯溫度低於室溫，
但龜壽司的老派做法能令人感受到職人的溫度……

淺草地下街可能是全東京最惆悵的地方，它位於在東京都地下鐵銀座線出口，是日本現存最古老的地下街。這地底暗巷彷彿永遠停留在昭和初年，伴著殘舊的居酒屋、老人、外籍移民與濃濃霉臭味。雖然距離現代化的地鐵出口只要五秒鐘路程，但有種好似被時代遺棄的邊緣氛圍，CD錄影帶店依然販售著現在已經難找到播放器的經典電影。我總是著迷於這裡的不合時宜感，在地下街開業數十年的店家，他們知道外面的世界變成什麼樣子了嗎？

淺草地下街中最古老的店家要數「亀すし」，龜壽司第一代最早是在淺草的風化區開業，老闆見證了這裡六十幾年間的衰敗與變遷。店家小小的、坐不了多少人，有點破舊的桌椅因爲長年不見天日而自然散發出一股潮濕氣味，但魚料非常乾淨新鮮。

我獨自造訪時點了一份綜合壽司，還附上熱茶、漬物、味噌湯。龜壽司的醋飯是溫熱而蓬鬆的，習慣吃連鎖壽司店冷醋飯的人反而會覺得詫異吧？因爲機器壓的醋飯都是緊實的，米飯溫度低於室溫，但龜壽司的老派做法能令人感受到職人的溫度，售價卻跟連鎖壽司店差不多。鮪魚碎肉蔥花捲的油度很夠，花枝又甜又有彈性，我喜歡紮實魚料搭上偏軟黏米飯的感覺，這樣的口感連在東京都不常能吃到。

會來這裡消費的都是老客人，我不是，但我默默偸聽老闆與常客的對話。

「你媽媽的關節還好嗎？」

「啊，眞抱歉，上次那種烤魚今天沒有了……」

店裡沒有背景音樂、沒有觀光客的喧鬧聲，時光與氣流都是停滯的。

「我也不知道還要做多久……」那天我聽到老闆說出了這句話。

・・・

二〇一九年十二月，就在新冠疫情改變這個世界的前夕，龜壽司決定永久歇業，結束這六十年的一切風華。

當國境開放後我帶著自己的三歲孩子再訪淺草地下街，已經沒有這間店了。

「啊……龜壽司關了啊！」

我牽著孩子的手，佇立在原店址前。接下來還會改變嗎？雖然早預料到淺草地下街總有一天會慢慢消失，但心中不免感慨自己必須面對一個時代的結束。

第72道

青山なるきよ的番茄蘆筍

我們入座後一貫地點了前菜蘆筍跟番茄……

對，眞的就是冰鎮後的水煮大蘆筍跟生番茄，

然後沾上金山寺味噌跟美乃滋來吃，

這麼簡單的東西就是「なるきよ」的招牌前菜，每桌必點。

在渋谷區役所辦理結婚登記居然要花上三個半小時，沒有其他新人在排隊，時間純粹消耗在我的戶籍文件核對上，我準備了齊全的資料，包括台灣的戶籍謄本跟經過認證的日文翻譯本，但區役所的阿姨還是拿出了中／日文辭典一個字、一個字地慢慢比對……

本來想問：「沒有辦法用電腦掃描翻譯嗎？或是Google照片翻譯？」

但想想還是算了，日本公務人員有他們的作業流程，就拿出耐心等吧。

在此之前，我們已經花了一整天時間特地跑到茨城縣調戶口名簿，因爲渋谷區跟茨城縣政府之間沒有電腦連線，要拿戶口名簿最快的方式是親自跑一趟，不然就是申請郵寄等上好幾天。跨國結婚的程序太繁瑣，最後趕在下班時間前文件終於全部審核完畢，阿姨對我們說了一句：

「恭喜你們結婚！」

但我們其實已經累到笑不出來了。

「我好餓喔……要不要去吃什麼？」我對剛成爲丈夫的男友說。

「那去『なるきよ』（Narukiyo）吧？」

他提議了我們很熟悉的一間店，但因爲不便宜，通常是只有在慶祝些什麼、或宴請重要朋友時才會去吃。結婚登記日應該要慶祝吧？雖然兩個人的臉都很臭沒什麼心情就是了。

之前有提過，我們本來住在東京二十三區邊緣、物價便宜的板橋區，但自從丈夫轉職成爲攝影師之後賺了不少錢，而東京每個區域的「住民稅」都不同，板橋區的稅金低，但對於高收入的抽成比較高，渋谷則是相反，所以我們才會搬家到市中心的渋谷初台，這也是爲什麼會在渋谷區役所登記結婚。

渋谷區是世界潮流文化的發源地，有很多跟音樂人有淵源的店家，其中一間是我很喜歡的居酒屋「なるきよ」，它位在快接近青山的高級地段，雖然賣的是九州鄉土料理，但店裡散發出一股時尚潮流的氣氛；餐盤用的是國寶級前衛藝術家横尾忠則爲BEAMS繪製的髑髏青花瓷繪皿，酒器用的是男性生殖器形狀的竹杯。

身兼主廚的店主吉田成清本身是一名SKA PUNK DJ，他對獨立音樂、電影、時裝文化非常了解，店員和其他廚師也是龐克樂團成員。以居酒屋來說，「なるきよ」的價格算是很高的，但由於美味的料理與獨特品味而被歐美網站大舉介紹，所以每天都有相當多時尚或媒體相關產業的外國客人來訪。

我們入座後一貫地點了前菜蘆筍跟番茄……對，眞的就是冰鎮後的水煮大蘆筍跟生番茄，然後沾上金山寺味噌跟美乃滋來吃，這麼簡單的東西就是「なるきよ」的招牌前菜，每桌必點。日本居酒屋常見一種小菜叫「冷やしトマト」，中文是冷番茄，也眞的就只是冷番茄，沒有經過任何烹飪過程，通常附美乃滋或粗鹽，吃的是食材原味，究極的「直球勝負」一品。「なるきよ」的冷番茄不得了，是令人震懾的鮮甜，冰鎮後的大蘆筍爽脆而熟度恰到好處，說是我這輩子吃過最好吃的蘆筍也不爲過！

記得當初第一次來這的時候也是被這前菜給嚇到，之後的料理無論是生魚片、烤和牛、烤手長蝦……代表老闆出身地的九州強棒麵當然都是水準之上，但卻沒有像吃了這道極簡冷前菜的驚豔度。

「我們今天結婚了。」丈夫對已經很熟稔的老闆說。

「喔喔！恭喜你們！」

老闆隨後拿出了一整套藝術家橫尾忠則繪製的髑髏青花瓷豆皿送給我們，而且是外面沒有販售的版本，是非常珍貴的禮物！

累了好幾天的兩人這時才終於露出笑容，然後多點了幾杯上好的清酒。結帳時看到丈夫掏出了好幾張萬元大鈔，想也知道不便宜，但結婚日嘛，多少得慶祝一下，那是我成爲日本太太第一天的味覺記憶。

第73道

東京NARISAWA的森林麵包

服務生在桌上把麵團放進一個石碗裡烘烤，很快就烤好，再附上一塊布滿青苔的石頭——其實是奶油。極好奇的我趁熱一口咬下……是塊質地蓬鬆的麵包，還帶有酵母香氣跟金桔蜜餞的口感！

我不覺得自己是個懂吃的人，因為我太容易把情感代入味覺記憶，簡單地說就是個「不理性的食客」。這輩子其實有一些機會吃星級餐廳，但我總是只記得「很好吃」，然後就沒了。

當我獨自坐在庶民小吃店的時候，我可以靜靜觀察周邊環境所帶給我的一切，吵雜的談話聲、不太整潔的地板、老闆用簽字筆隨意塗改的菜單……所有的不完美都堆疊出了層次。但當端坐在正式的法餐擺設前，我只能專注欣賞與品嚐這一道道的藝術品，那是對 Fine dining（精緻餐飲）的尊重，甚至得對菜式背景與主廚理念事先做功課。在經歷屏氣凝神至高的享受之後，付款結帳的橋段總令人嚇得出神。

其中東京青山的 NARISAWA 是我很有印象的一間米其林二星餐廳，它曾連續十四年進入世界最佳餐廳榜單。之所以會特別有記憶，是因為一道滿足了五感體驗的森林麵包。

• • •

丈夫跟他母親的關係很好，以前常常帶我回鄉下老家見婆婆，這對日本人來說不是常有的事情。而每年的母親節他都會把媽媽接來東京吃大餐，這一年他事業成功，所以預訂了 NARISAWA，實在是非常有誠意。

得知 NARISAWA 是什麼等級的法餐之後，我努力撥開衣櫃中的大量 Nike 跑步服、把深處的 Maison Martin Margiela 小洋裝挖出來，還找到自己唯一一雙高跟鞋，但穿上去後前掌根本痛到寸步難行。在新宿車站接到了獨自從茨城來到東京的婆婆之後，我們三人搭上計程車前往位於東京的超高級地段青山。

NARISAWA 店面並不大，室內是簡潔、沉穩的高級法餐擺設，並沒有特立獨行的設計。外場服務員的應對也同樣親切而穩重，整個環境令人感覺自在舒服，讓我頓時卸下了緊張感。套餐內容是當季的，每道菜色的名稱都只有「食材名稱」，顧客無從得知這些食材會用什麼料理手法出現？算是一種引起期待的儀式感。

我們點好了佐餐酒之後，服務生就端上了一盆……盆栽？濕麵糊般的不明食材被枝葉包圍著，看起來綠綠的又類似石頭的顏色，我們完全搞不清楚這是什麼東西。

「這是麵包，它現在還是麵團，等一下會變成麵包～」服務員如此解釋，但她當下應該能清楚地感受到，我們三人頭上浮現了一大堆問號。

隨後她把盆栽放在一邊，繼續出菜。我只記得前菜也出現了用原木盛載的一片……森林？有木頭、草、苔蘚跟水，全部是無調味的植物性食材，而且那杯水眞的就只是清水。

之後的菜式有溪魚、甜豌豆，幾乎也都是原味，但卻極細緻地漸漸增加了口感，我甚至能嚐到非常微小的鮮甜甚至苦味。這就是爲什麼吃高級料理等於學習，習慣了人工調味品的味蕾都被重新打開。

此時那個奇怪的麵包發好了！服務生在桌上把麵團放進一個石碗裡烘烤，很快就烤好，再附上一塊布滿青苔的石頭——其實是奶油。極好奇的我趁熱一口咬下……什麼!?還眞的是麵包！不但是塊質地蓬鬆的麵包，還帶有酵母香氣跟金桔蜜餞的口感！令舌尖舒服的微微甜味，而那塊青苔石頭奶油也細緻到驚人！到底是什麼神技？能在這麼短的時間內發好麵團、烤好麵包？

「請問這個麵包可以續嗎？」意猶未盡的我害羞地詢問。

「當然可以啊！」服務生笑著回答。

沒想到這塊如此有噱頭、讓人充滿五感體驗的森林麵包，居然就跟一般法餐的麵包同樣可以無限續加，我們非常不客氣地續了三次！

麵包之後開始上一道又一道的主餐，口味逐漸加重，烹調手法也一層層加深火候。我記得有令人激賞到喊出聲音的鮮魚跟和牛，甜點則是以代表日本精神的抹茶作結，最後主廚成澤由浩來每桌桌邊致意，我們向他表達自己的感動。

結帳時我看丈夫的手有稍微發抖了一下，一個人要七萬多日圓，然後再加酒，等於他花了二十幾萬日圓吃一餐。

她媽媽也虧他說：「你眞是孝順啊！」

雖然是人生中難得的享受，但其實我們三人印象最深刻的都是那個森林麵包。

・・・

走出餐廳之後，丈夫去找地方抽菸，婆婆偷問我：「他現在還是抽很多嗎？」

我說：「嗯，因爲工作壓力比較大。」

婆婆說他先生是因爲癌症過世的，所以有點擔心兒子的身體，但傳統日本女人表達關心的方式都很含蓄，並不會嘮叨。

「我會叮嚀他的！」我答應婆婆。

等丈夫抽完菸，我們三人再一起走到車站送婆婆進去。丈夫眼見媽媽走遠之後，回頭對我說：「好！明天開始都吃松屋！」

我整個大笑了出來，帳單果然有嚇到他……那一天是奢華而幸福的味覺記憶。

第74道

前婆婆的手作早餐

起床時，看到婆婆熟練地在一塵不染的開放式廚房忙著，然後變出一套早餐，有時是日式：烤魚、白飯、漬物、味噌湯，有時是洋式：荷包蛋、烤麵包配奶油跟果醬、沙拉、玉米濃湯。

每次跟丈夫回茨城老家時，都有種「來去鄉下住一晚」的錯覺，我跟他說我想起《田舎に泊ろう》（來去鄉下住一晚）這個日本節目，他居然一點都沒有感到被冒犯，因爲他家太鄉下是事實。

「有一次帶東京棒球隊的隊友來我家住，我們在晚上才抵達，大家過夜時都說有聽到海浪聲，還以爲我住在海邊……結果隔天才知道是風吹稻田的聲音！」

他說的這則往事顯示出了幾個重點：他家旁邊是田，而且完全沒有路燈。其實不只如此，他家是獨棟的大洋房沒有鄰居，然後開車到最近的便利商店要十五分鐘！

某天，我突然想起一件疑惑的事情：「有垃圾車會來你家收垃圾嗎？這裡這麼偏僻。」我問他。

結果他帶我走到他家後院靠山邊的位置，指給我看一個水泥製的、看起來像小屋子的東西。

「這是焚化爐，垃圾我們都自己燒掉。」

什麼！我第一次看到有附焚化爐的住家！日本的鄉下眞的很鄉下啊……

・・・

因爲他老家沒有裝無線網路，手機收訊也不好，所以唯一的休閒就是坐在暖桌裡看電視。冬天的日式暖桌（こたつ）眞的是個很恐怖的東西，一旦坐進去後就再也不會想移動，然後慢慢進入夢鄉。若把電視關閉則會陷入一片寂靜，風聲、鳥叫聲……偶爾來這裡能夠藉機讓五感好好休息，這就是鄉間該有的氛圍吧？

公公已經過世，婆婆跟女兒、入贅的女婿還有他們生的三個孩子同住。他們家是大地主，附近的田地都是他們家的資產，有佃農在耕作著。家裡的裝飾是由婆婆一手打理的，牆上貼滿公公生前的生活照、女兒女婿與寶貝孫子們的照片，還有她兒子，也就是我丈夫在打甲子園棒球賽時期的獎杯跟獲獎剪報，看得出他對兒子曾經獲得全國第四名投手這件事感到非常驕傲。除此之外也有丈夫的前妻跟女兒的照片……聽起來有點拗口？我是他的第二段婚姻。

婆婆年輕時是和服著裝的老師，也在東京做過房仲，是個有工作能力的女人，但嫁給同鄉的流氓，最有趣的是她的出生年月日跟我的母親只差一天——同年同月晚一天生！看來也是個遇到愛情理智線就斷掉的雙魚座？

「小靖的爸爸是流氓，身上有刺青喔！」丈夫居然這樣向他媽媽介紹我的家人……

「哇！我們家爸爸也是流氓，也有刺青耶！」婆婆的反應也太開朗。

「小靖的爸爸已經死掉了喔！」

「哇！我們家的爸爸也死掉了耶！」聽到婆婆充滿驚喜的回答我差點沒笑死。

・・・

在老家起床時，看到婆婆熟練地在一塵不染的開放式廚房忙著，然後變出一套早餐，有時是日式：烤魚、白飯、漬物、味噌湯，有時是洋式：荷包蛋、烤麵包配奶油跟果醬、沙拉、玉米濃湯。

身爲年輕新手「煮婦」的我對於日本媽媽的手藝感到讚嘆，就是乾乾淨淨，不特別，但毫無失誤，也沒有多餘的調味。荷包蛋的邊緣微焦，蛋黃還是半熟的，烤魚表皮酥脆但魚肉依然濕潤，應該是她這輩子做過無數次的料理吧？

人家說每個媽媽都有自己的味道，但對於因爲媽媽不善下廚、從來沒嚐過「媽媽味道」的我來說，婆婆的料理是安定而沒有記憶點的，溫柔而溫暖，它不會覆蓋我生命中的任何味覺記憶。

「這也太厲害了吧！看起來像飯店的早餐！」我眞的覺得超驚喜。

「都是從AEON買的，加熱而已～」

婆婆的回答，令我想起讓我第一次認識「茨城」的電影《下妻物語》，因爲AEON以前在這裡是土屋安娜口中的「JUSCO」，之後才變成AEON購物中心的。其實茨城也有很熱鬧的市區，還是日本航太科技中心，但靠近山區跟福島的海邊就眞的很鄉下……我從來沒想過自己有一天會成爲這裡的媳婦。

吃完早餐，跟婆婆道謝，然後我們才開車回東京。

．．．

這麼多年過去了，我們歷經了疫情、離婚……丈夫成爲前夫，他的通訊軟體帳號早已被我封鎖，前婆婆的帳號我卻還留著，我們卻從未再互傳訊息。

這個緣分很短暫，但我永遠記得那個暖桌，跟早餐的溫度。

輯四、

味覺記憶的世界

第75道

重慶洞子老火鍋

服務生就端上一盆像地獄般的大淺鍋，
紅通通一片，辣椒、香料在滾燙湯頭裡隨著泡泡載浮載沉……
不，根本沒有湯！幾乎全是油！混濁而深不見底，
我甚至能聽見香料們在呼喊救命！

我很愛吃辣，也嚐過世界各地以辣聞名的料理：

墨西哥燈籠椒帶有酸味與生化武器般的高刺激度，韓國菜是玉米糖漿與青陽辣椒的最大值。印度菜的香料灼熱感讓整個消化道：賁門、幽門、肛門一路有感……咖哩進去、咖哩出來！而泰國、越南菜是魚露與生鮮辛香料的清新感。

以中國菜來說，湖南是乾辣、四川是麻辣、雲南是酸辣。而川菜裡面「重慶菜」是被獨立出來的，學名「渝菜」，麻辣鍋、酸菜魚、水煮牛、辣子雞、毛血旺……這些都是重慶菜。成都跟重慶的口味不一樣，麻婆豆腐、宮保雞丁、回鍋肉……這些是成都菜不是重慶菜，外地人沒什麼概念，但眞的到了四川就會發現他們區分得很細。

台灣有非常多麻辣鍋名店，詹記的無敵鴨血、太和殿的高辣度湯底、黑武士的牛油味、橋頭的港式配料……但我始終好奇於發源地的麻辣鍋到底是什麼樣子。

旅居日本的那幾年，我的工作是擔任日籍攝影師丈夫的經紀人，替他安排案子、翻譯、現場助理，有一次他要去「重慶─成都─湖南張家界」沿路拍攝，根本就是一趟辣味旅程。我除了搞定所有交通住宿，也聯絡重慶當地朋友帶我們去吃麻辣鍋，算是順便滿足我自己的心願。

「妳要吃我們當地人吃的店嗎？還是老外去吃的？」重慶朋友問。

「當然是當地人吃的啊！」我如此回答，不然來重慶幹嘛？

重慶朋友聽我回答之後大笑了幾聲，意味深長？

從東京抵達重慶當晚，朋友就帶我們去吃「洞子老火鍋」，洞子火鍋是開在抗日戰爭時期，國民黨政府所建防空洞內的火鍋店。我們這一桌同時有中國人、台灣人、日本人，說明這一段歷史時既尷尬又有趣。

防空洞裡非常涼爽，整個空間布滿花椒油與麻油、牛油、辣油……氣味滲入毛細孔，吃完這趟麻辣鍋之後幾乎不可能再有下一個行程。朋友問我們要吃鴛鴦還是辣鍋，不怕死的丈夫說：「你們吃什麼我們就吃什麼！」

好，沒一會兒功夫，服務生就端上一盆像地獄般的大淺鍋，紅通通一片，辣椒、香料在滾燙湯頭裡隨著泡泡載浮載沉……不，根本沒有湯！幾乎全是油！混濁而深不見底，我甚至能聽見香料們在呼喊救命！

「這……這是認眞的嗎？」丈夫嚇呆了……

這不是你要點的嗎？我對他白眼了一下。

桌上還有幾碗冷冷的湯圓甜湯，朋友說這是在吃麻辣鍋前墊胃用的前菜，我很乖地立刻喝完，然後每人又拿到一盅「溫熱麻油」，朋友說要在裡頭拌蒜泥和味精，而這就是沾鍋料用的調味料，完全沒有醬油、沙茶、醋……或是其他在台灣吃麻辣鍋能見到的佐料！見當地人紛紛把桌上罐子中的味精一匙一匙地往麻油裡舀，這景象也算是文化衝擊。

「麻辣鍋都已經是油了，還要沾油吃？」我不禁發問。

「辣椒是燥熱的，麻油是溫和的，這樣吃可以平衡。」重慶朋友回答，原來是中醫的理論……重慶的中醫似乎沒在管口感平衡不平衡？

至於令人好奇的麻辣鍋口味，很香，非常香，如意料中的極辣，有點像玩什麼大冒險遊戲的懲罰項目，每吃一口下去就會哀嚎個一陣子，然後才能鼓起勇氣再涮下一口，身旁重慶朋友倒是面不改色。重慶朋友說這辣度只是中辣，愛吃辣的人會點油條跟茼蒿菜，那吸飽了辣油吃起來最可怕。最後剩下大鍋辣油吃不完，服務生確認了之後在鍋中滴入紫色染料，證明不會回收鍋底，但不知道有什麼病菌能在這種駭人岩漿之中生存？

散會後打車回到住宿處，我洗了兩次頭才把味道洗乾淨，還起了一點味精疹子，丈夫則是住在廁所馬桶上過夜，拉了一整晚肚子。

頓時明白爲什麼外國觀光客來台灣時都會去吃麻辣鍋，因爲台灣的麻辣鍋實在是親民又美味，在台灣即使吃最高辣度，跟發源地重慶相比還是天使與惡魔的差異。但不得不說能吃到發源地的麻辣火鍋，也算是人生中的難得體驗，了一樁心願。

第76道

廣西老友粉

「老友粉」就是一種豬雜河粉湯，

拌上酸筍、豆豉、辣椒、蒜末等等，大碗價格又便宜……

雖然調味是粗製的口感，酸筍與豆豉帶著微微臭氣，

喜歡的人就是很喜歡。

擔任日籍丈夫的經紀人時期，幫他談到了拍攝 TAG Heuer 那些大案子，我覺得待在日本已經很好，畢竟東京是全球流行發源地之一，但他的野心不止於此，畢竟日本高端品牌的最大收益是來自中國買家，他不諱言那邊才是眞正的市場。試圖在中國闖出名氣的他多次到那取景拍攝，成功因爲重慶的幾張照片在社群上爆紅。對他來說，同時會說中文、日文，無給薪又不會背叛他的最佳工具人就是老婆，所以我爲了他在中國銀行開了戶頭、辦了手機門號方便行動支付跟打車，這樣他不用煩惱換匯的事情，工作結束再給我日幣就好了。

多虧了他的執著，我們去遍奇奇怪怪的鄉間，桂林、張家界……對於我這樣一個喜歡旅行跟國家地理的人來說是很難得的體驗，要不是他我一輩子都不可能造訪這些地方。搭乘幾十個小時的臥鋪車，旁邊的大叔一邊抽菸一邊抓癢，然後在車站跟扒手追逐……這些事我都做過。

某天他丟了一張照片給我，要我「神」出這是哪裡。那張空拍照片拍攝出奇妙的丘陵地形但不是桂林，結果我還眞的找出來了，是在廣西壯族自治區的百色。

「我下禮拜剛好有空可以去這裡。」

他只丟下這句話，然後我必須在數天之內安排好所有的交通跟住宿。另外他還想「順便」去越南邊境，這個順便就要另外拉車十幾個小時……面對一個曾經想來台灣拍攝花蓮，結果買機票飛台中說這樣比較近的人，我已經懶得跟他解釋這一點都不順便，但我還眞的全部搞定了。

・・・

抵達廣西南寧的第一天對我來說是震撼教育，市場、街頭都能看到小吃店在販售狗肉，招牌上有可愛的玩賞犬照片跟圖案，店家門口也擺著幾個鐵籠，我完全不忍直視。

之後我們搭包車往壯族自治區移動，那裡氣溫越來約低，甚至有點飄雪，我望著車窗外鬼斧神工的奇山怪石覺得不可思議，但丈夫十幾個小時都在滑手機看漫畫……算了，他對地理跟旅遊完全沒興趣，大老遠跑來是爲了拍幾張能賺到流量的照片。

「大哥，我們去吃個午飯吧，你們當地人都吃什麼呢？」眼見已接近中午，我問著包車司機。

「喔！我帶你們去吃好吃的！」司機自己應該也餓了。

「不要狗肉喔！」我緊張地提醒，司機急忙回答說他也不吃，雖然不知道是不是客套話？沒多久後他帶我們來到一個傳統市場，簡陋的店門口寫著「老友粉」，就是一種豬雜河粉湯，拌上酸筍、豆豉、辣椒、蒜末等等，大碗價格又便宜。腸胃算很強壯的我並不擔心這裡的衛生環境，雖然調味是粗製的口感，酸筍與豆豉帶著微微臭氣，喜歡的人就是很喜歡。一直以來，酸筍的味道對我來說是在中國才能嚐到的味覺記憶，當時並沒料想到幾年之後的未來，台灣也會風行起螺螄粉這種料理。

我跟司機笑談著他們的生活與歷史，感覺得出來他眞的是個老實人、是個勤奮的好爸爸，一切努力也只是想讓農村的家人過上好日子。在接近個位數的氣溫中，那碗老友粉配上一瓶極濃郁的豆漿，就是我整趟旅程中心情最放鬆而溫暖的一餐。

・・・

最後丈夫靠著傑出的空拍機技術，拍攝到了理想的作品，雖然他從頭到尾都不關心我們在哪裡，有什麼地理人文跟歷史。我們還去了全世界第四大的跨國瀑布德天瀑布，隔著珠江水系的歸春河遙望對面的越南。

他擔心我洩漏行程讓其他攝影師捷足先登，所以我在整趟旅程中都被要求不准拍攝任何照片……只有一碗老友粉，也是我唯一的紀錄。

丈夫回到日本後簽約了一名中國籍的專業經紀人想認眞發展，所以我再也不用處理這些麻煩事了。他甚至跟中央電視台合作了一部實境旅遊節目，團隊跟拍他在貴州工作的旅程，也讓他在貴州拿了幾座攝影獎……但再沒多久之後，新冠疫情爆發，世界全面鎖國，我的中國銀行帳戶跟手機門號也被廢除。

那次是我人生最後一次踏上中國，熱呼呼的老友粉是我最後的味覺記憶。

第

77

道

香港東寶小館

東寶小館的墨魚麵眞的醜！
大白瓷盤上一坨黑噜噜的，
分不出來哪個是麵條哪個是花枝丸，
吃起來也顧不得優雅……
但我第一次嚐到時著實震驚，
那是我此生吃過最具鮮味的墨魚麵……

記得第一次造訪香港東寶小館時，老闆「露比」身形還胖胖的，之後再來卻瘦了一大圈，據說是刻意減重有成。很欣賞他待人接客的應對方式，有點江湖味、有點「油」，生意氣息極濃，但喜歡那一口宏亮的老港味粵語，穿插著幾句英式英語單詞。

白瓷磚牆、日光燈、大廈空調通風管……在沒什麼情調的菜市場內，這裡總是大聲播放著麥可．傑克森（Michael Jackson）的音樂，叼著雪茄的老闆在強烈節拍下手舞足蹈，配著海鮮熱炒與熟客用裝滿啤酒的「戰鬥碗」乾上一杯。對我來說這種集合文化的衝突感就等於「香港」，雖然它正在凋零。

誰能想到或許是全香港最美味的墨魚麵，居然不在高級義大利餐廳，而是在北角渣華道街市的大排檔內？

東寶小館的墨魚麵眞的醜！大白瓷盤上一坨黑嚕嚕的，分不出來哪個是麵條哪個是花枝丸，吃起來也顧不得優雅，難以想像那些慕名而來的名人美女吃得有多狼狽，但我第一次嚐到時著實震驚，那是我此生吃過最具鮮味的墨魚麵，不僅只是墨汁，彷彿凝縮了花枝與大海的精華，不愧是對海鮮專精的粵菜師傅才能做出的口味。

我幾次來東寶都是很有口福地被請客，但因爲墨魚麵是限量的，做東的人希望大家淺嘗輒止、多試試幾道菜，沒預定太多，所以我每次都覺得吃不夠，但藏在心中也不好說。

除了墨魚麵，必點的還有巨大的蟶子，可以用蒜蓉清蒸或炒豆豉，這種長條狀的稀有貝類不好料理，稍微過熟就會太硬，但東寶小館的蟶子總在完美彈牙的狀態，我沒有在別處吃過這麼令人滿足的蟶子。

風沙雞、避風塘炒蟹……都是重口味的下酒菜，在這裡除了錢包有點壓力之外，沒有任何其他壓力，無論你是好萊塢大明星、觀光客或官員都可以恣意暢談……大口喝酒、大口吃肉，不會有人叫你輕聲細語，因爲當聽到講話最大聲的人走來，那就是老闆露比。

東寶小館名氣極大，在北角菜市場經營了三十年，已故名廚安東尼·波登的造訪讓他國際知名，然後在二〇二二年因爲租約跟法規問題一度停業，後來新覓地址重開，新店鋪比以往小了許多，氣氛也不太一樣，但依然希望他能長久經營下去。

是啊，這些年的香港的確已經不是以往的香港了，而且你我都心知肚明它再也回不去了，但我總會懷念著拿起戰鬥碗敲擊，與朋友大聲喧鬧的那一晚，粵語、中國話、英語……吵鬧就是我對香港的最大印象。所有聽覺與視覺的記憶，都融合在味覺記憶之中，它在我心裡永遠存在。

第78道

首爾陳玉華一隻雞

天啊！是衝擊度十足的美味！
雞肉極鮮、大蒜極甜，清湯怎麼可能有這種深度？
本來還覺得清清如水沒什麼配料的湯底應該變不出把戲，
結果我的腦袋好像被陳玉華奶奶給用力揍了一拳。

我只有唯一一次在韓國跨年的經驗，但那年遇上大寒流，首爾氣溫最低零下十三度，卻完全沒有下雪……落雪的時候溫度會上升反而沒那麼冷，這種等級的乾冷程度我還是第一次感受到，覺得鼻子快要掉下來了！指尖也劇痛，手套根本毫無用武之地！

跨年夜的晚餐很幸運，東大門名店陳玉華一隻雞居然有營業還不用排隊，一走進內就感受到香氣與劇烈的溫差，即使穿短袖也沒問題。店裡品項不多，我跟丈夫與他的助理都是第一次造訪，三個人點了兩隻雞、白飯、啤酒，現場有自助式吃到飽的泡菜，陳玉華的泡菜不算美味，但還是帶有在韓國當地才能嚐到的淺漬泡菜酸度，那是滿滿的益生菌。

阿姨端上了一個大鍋，裡頭泡了兩隻尾椎被切開塞了馬鈴薯的雞，形體像某種怪物？雞肉表皮為半熟，湯頭則是透明的，乍看之下沒什麼味道。阿姨手腳俐落地用剪刀把雞連骨帶肉剪好，用簡單日文示意我們等十分鐘再吃。店內的暖氣加鍋爐讓我們大汗直流，只好一直猛灌冰啤酒。

十分鐘到，我先盛了一碗清湯試試，一口下去……天啊！是衝擊度十足的美味！雞肉極鮮、大蒜極甜，清湯怎麼可能有這種深度？本來還覺得清清如水沒什麼配料的湯底應該變不出把戲，結果我的腦袋好像被陳玉華奶奶給用力揍了一拳。雞肉也非常軟嫩，沾蒜泥辣椒、配泡菜一下子就吃完了，三個人根本應該點三隻雞！

可惜的是我沒有把湯喝完，因為室內實在太熱，繼續待下去應該會中暑，所以留下了一點遺憾。

步出餐廳時已經將近十一點了，外頭依然沒有下雪，手機顯示爲零下十三度——這種溫差對於有心血管疾病的人來說應該很危險吧？本來預定的行程是去首爾塔拍攝跨年盛況，但我們被體感氣溫徹底打敗，決定買幾瓶啤酒回民宿就好。

民宿裡頭有冰箱，助理說：「爲什麼要冰箱？東西直接放窗台就好了啊～」似乎有道理？所以我們把便利商店的小菜、啤酒通通放在窗台……結果過一會兒開窗想拿取時，突然一陣冷風吹進室內，大家紛紛哀嚎喊著：「快關窗啊！」

最後下酒小菜全部結凍，我們這才明白原來住在這麼冷的地方，還是需要冰箱用來保溫的。

那個跨年甚至沒喊五、四、三、二、一就結束了，什麼地方都沒去、什麼都沒看到，但好險有喝到讓我回味了好多好多年的雞湯。

第79道

梨泰院的血腸

醉醺醺的我有了酒膽，直接點名要嘗試血腸……

結果咀嚼了幾口，一股濃濃的腥味在口中擴散，

而且口感是軟軟爛爛的，

並不像豬血糕帶有糯米的香甜與嚼勁……好噁心啊！

也是延續著那年在首爾跨年的味覺記憶，元旦白天結束了各地的拍攝工作，晚上赴當地韓國朋友的約到梨泰院，也是就是首爾的夜店、俱樂部集散地。

韓國夜店文化很興盛，不同音樂風格都有不同主題的舞廳專精營運著。而梨泰院最令我感到驚訝的是：它完全沒有停歇的一刻！有些夜店通宵營業到隔天中午才打烊，有些夜店則是中午就開門了，有兩個肝的年輕人可以達成無縫接軌地直接跳個三天三夜，至於跨年、元旦當然也沒有休息。年輕時有好幾次造訪首爾都是爲了去梨泰院，每個晚上至少換三間店、喝到失憶爲止。

除了夜店，梨泰院也有不少宵夜小吃、燒肉店，許多店門口用韓文寫著大大的「解酒」兩字，讓人補充精力再繼續喝，不知道是不是眞的有效果，但至少能找理由中場休息一下。

凌晨兩點多，韓國朋友帶我們到了其中一間專賣血腸、雪濃湯等解酒料理的店。醉醺醺的我有了酒膽，直接點名要嘗試血腸，心想台灣人吃慣豬血、鴨血，血腸應該沒什麼奇怪的？同桌的日本人們則是敬謝不敏。

眼見服務生把切好的清蒸血腸端上桌，長得極類似台灣的糯米腸，只是裡頭包的是黑嚕嚕的豬血跟粉絲，我不假思索地夾了一塊、沾上辣椒醬放進嘴裡，腦中預設的想法是另一種形狀的「豬血糕」……

結果咀嚼了幾口，一股濃濃的腥味在口中擴散，而且口感是軟軟爛爛的，並不像豬血糕帶有糯米的香甜與嚼勁……好噁心啊！

我表情一變，大喊：「對不起！」

韓國朋友全部哄堂大笑，立即端來了衛生紙讓我摀著嘴吐出來。我還灌了好幾口啤酒想沖淡嘴裡的味道，才剛吃了驚人的食物把酒氣都嚇醒，卻又再度補充了酒精，餐廳招牌上的「解酒」原來指的是這麼迂迴的過程？

韓國朋友說我很正常，外國人吃血腸只有兩種反應：一開始就拒絕，或是吃下去才吐出來。

要說那種腥味其實也不是豬騷味，而是「太單純」的味道，台灣的豬血湯會經過燉煮，加上酸菜、韭菜，韓國血腸則是吃豬血的原味，而裡面的冬粉不只讓口感更加軟爛，還吸飽了豬血中的水分，甚至能明顯嚐到鐵鏽味。據說早期朝鮮時代的血腸是用狗做的，後來才改成牛或豬，除了冬粉也是有加糯米跟雜菜的做法。

或許就跟臭豆腐一樣吧？喜歡的人就會喜歡。韓國朋友說用炒的血腸跟血腸湯比較好吃，但我已經完全知道那跟炒豬血糕、豬血湯是不一樣的東西，所以也沒勇氣嘗試了。

梨泰院無論什麼時間進出都能看到喝醉躺在路邊的人，在這種天寒地凍的時節很替他們感到擔心。酒精、難以入口的血腸與韓國朋友們的笑鬧聲，那些都是我對當年梨泰院的記憶。

第80道

South Melbourne Market 一元生蠔

一元生蠔雖然尺寸只有日本生蠔的五分之一不到……
但來自不同海域的口感都不同，美味極其凝縮，
有的嚐起來帶有海菜的樸實鮮甜，有的具有礦物質的味道……

有一年我滿懷期待地報名了澳洲墨爾本語言學校的課程，會選擇澳洲是因爲那能讓我逃離北半球夏季的高溫，選擇墨爾本則是因爲我的好朋友定居在那裡，我可以寄住她家，長時間在海外有熟人照應會安心很多。

出國留學應該算是我小時候最大的夢想，但一直到我長大自己存夠了錢才實現，語言學校的同學不乏像我這樣「年紀不小」的學生，三十、四十歲的社會人士都有。跟各種國籍的人相處在一起是非常有趣的事情，我們甚至會詢問對方一些關於國情政治的尖銳問題⋯⋯

例如問阿拉伯籍的同學：你們討厭基督徒嗎？

問哥倫比亞同學：你們對毒梟有什麼看法？

東帝汶籍的同學則問我：台灣願意爲了獨立付出多少代價？

雖然沒有人可以代表自己的國家民族發言，但對於語言學習來說，這些都是非常令人印象深刻的對話。

墨爾本這座城市的亞洲裔人士很多，所以在飲食生活方面沒有任何問題，中國城的麻辣燙、水餃、港點都好吃，而東南亞料理更是極度美味。在留學這段時間，我有花時間去嘗試「墨爾本前十好吃的河粉」清單，還眞的每一間都令人驚豔⋯⋯明明是來到澳洲，但我確實最著迷於他們的越南料理。

七、八月的澳洲對我來說是天堂，氣溫最低十四度，雖然常有奇怪的大風、陣雨，但墨爾本人口中的「一日四季」怎樣都比台灣的「全年夏季」舒服太多了，濕度也比東京的冬天再高一些。

當時不只想逃離北半球的高溫，還想暫時逃離丈夫令人窒息的相處模式，他的不安、依賴感與暴怒在逐漸吞噬我的靈魂，只好找理由離開日本一段時間，好好享受與自己相處的感覺。

每當想逛個街又想吃點美食的時候，我會獨自一個人搭車來到南墨爾本市場，這裡的商家非常多，土耳其蔥油餅、西班牙海鮮飯……但最令人感興趣的還是 Oyster Bar，他們有販售生蠔盤，平均起來每顆只要一塊錢澳幣！

一元生蠔雖然尺寸只有日本生蠔的五分之一不到，個頭感覺跟台灣的蚵仔差不了多少，但來自不同海域的口感都不同，美味極其凝縮，有的嚐起來帶有海菜的樸實鮮甜，有的具有礦物質的味道，也有的口感比較像日本生蠔，充滿濃郁奶香。Oyster Bar 有免費提供檸檬汁、調味料，可以點一杯當地澳洲白酒站在桌邊吃，不用花太多錢也能獲得高品質的享受。

七月的墨爾本很早就天暗了，大約五點左右已經進入夜晚，因此我很珍惜陽光，每天早晨天色未明就上學，而語言課程下午一點結束，放學後不用再與任何人進行對話，恣意沐浴在南半球的冬日暖陽下，然後好好地用美食美酒放鬆。

是啊，每個人都該好好款待自己、充個電，再思考人生的下一步在哪裡。

第81道

墨爾本 Lazerpig Pizza

我們點了內場日本朋友推薦的幾個口味，就是餅皮Q彈有嚼勁、邊緣微焦的完美義式披薩，食材搭配是不突兀的……都是水準之上，同樣的東西即使拿到東京也會成爲排隊名店。

抵達墨爾本的第二天我前往語言學校報到、做分班測驗，然後中午前就從市區搭上路面電車打算到處晃晃。我倚靠著車廂滑著手機，依稀聽到有熟悉的日語對談，那特殊的音頻越聽越耳熟，所以我打算偷看一眼是什麼樣的日本女性。

回頭那刻我嚇了一大跳，居然是東京的朋友！當年兩個人同時跑過名古屋初次馬拉松的終點線！居然會在大半個地球外的同一班電車、同一節車廂相遇……

「Mio 醬！妳怎麼會在這裡 !?」

「靖醬！妳怎麼會在這裡？」整個 Tram（電車）上的乘客都在看我們兩個有多驚訝。

聊了一會兒得知她也是昨天才飛來墨爾本，接下來會讀半年的語言學校，在東京經營咖啡業的她想藉此了解這裡的產業市場。

澳洲墨爾本的精品義式咖啡非常厲害，大概跟美國波特蘭、西雅圖差不多屬於世界領導地位，咖啡大國日本當然要來取經。同一節車廂上還有她在當地的日本朋友，都是滑板少年，其中一人在披薩店「雷射豬」（Lazerpig）內場工作，那是一間帶點潮流味的名店，所以我們立刻約了過幾天後去造訪。

．．．

在墨爾本的日子我幾乎沒有夜生活，每天天還沒亮就要出發上學去，晚上就在寄宿的朋友家聊天、喝紅酒、看 Netflix 紀錄片，然後乖乖上床睡覺。

這一晚的披薩聚會是我難得放風，搭上跟陌生人共乘的 Uber，總得被迫尷尬聊個幾句，我說要去雷射豬，沒想到全車的陌生人都吃過了，人人說讚，但我還是不知道爲什麼店名叫做雷射豬。

墨爾本的夜晚是安靜的，城市角落默默地亮起了招牌，我從遠方看到一隻披著披風的豬……眼睛還射出雷射？好，我知道雷射豬就在哪邊。

澳洲人的幽默很可愛，不如美式幽默那麼直白、也不像英式幽默的隱晦，就是一種讓人覺得廢到笑的舒壓感。

雷射豬的內部裝潢是傳統義式快餐店的感覺，紅白格紋桌巾令我想起自己曾任職的 FRIDAYS 餐廳，但卻多了辦派對會用的ＤＪ台，顧客也滿有型的，99％是令人感到舒服的年輕人。我們點了內場日本朋友推薦的幾個口味，就是餅皮Ｑ彈有嚼勁、邊緣微焦的完美義式披薩，食材搭配是不突兀的，但名字很有趣，例如香蒜羊肉口味是「Mary Had! A Little Lamb」（瑪莉有隻！小綿羊），然後以蘑菇泥爲基底醬汁的口味叫「The Fun Guy」（有趣的人），取自蕈菇的英文「Fungi」諧音哏，不只雙關還有迷幻菇的暗示……總之，這就是澳式幽默。

說實在的，我在墨爾本除了吃不慣當地的豬肉腥味之外，完全沒有踩過雷，包括這些披薩都是水準之上，同樣的東西即使拿到東京也會成爲排隊名店。

‧‧‧

雖然躲在澳洲讀書的那段時間很不想跟丈夫聯絡，但既然巧遇了共同好友，我還是傳訊跟他說了，而他只回了一句：「妳不是要去學英文的嗎？結果又在說日文啊？」

我自討沒趣地被潑了一桶冷水……

日本朋友曾約我再去吃披薩跟派對，因爲幾乎每天都得早睡早起，我還是沒辦法赴約。現在回想起來，我對於墨爾本的夜晚印象幾乎只剩下那隻雙眼射出雷射的超人豬，很美好的一夜，如果世界上每個人都能有幽默感多好？

第82道

Terra Madre Northcote 有機超市的雞蛋

澳洲雞蛋有一種熟悉的「硫磺味」？
我買的這一盒雞蛋本來是想拿來煮玉子燒跟西班牙烘蛋的，
但我捨不得用調味料蓋掉那個味道，
最後通通煮成白煮蛋，上學前就剝一顆來吃……

墨爾本分成幾個區域，南邊的市區鄰近海灘，街頭不少身材姣好的年輕人、商務人士、留學生跟觀光客，而靠北部的區域相對安靜，多了嬉皮和一些有趣的小餐廳、有機商店。

環境保育跟生態永續的觀念在澳洲很普及，最讓我跳脫思維的是在墨爾本北邊的「Northcote」區看到不少二手衣店，當地人反對快時尚品牌，而是選擇天然素材的棉麻織料，要禦寒就穿阿嬤流傳好幾代的古董皮草，而不是科技布料，徹底追求零塑生活。相較之下，穿著最新款科技羽絨衣的我走在這裡反而顯得有夠突兀。

Northcote 居民流行使用洗髮皂、洗臉皂、洗衣皂、洗碗皂，一大塊肥皂秤斤兩切開販賣，用張紙包著就帶走，完全不需要塑膠瓶跟塑膠袋。在過度包裝大國日本生活了這麼久，我從來不覺得減塑是可能的，來到這裡的體驗對我來說實在受教。常能看到一個人從頭到腳、甚至包包裡都沒有任何塑膠製品，這樣的生活的確可行。

在追求潮流跟便利之間，墨爾本人選擇不去背叛大地之母，卻依然過得自在。

・・・

既然借住朋友家這麼久，總該有點貢獻？

我的語言學校很早放學，稍微觀光一下我就會回家煮晚餐，用好食材做菜是件幸福的事，朋友下班回家就能開吃。除了途經的「Woolworths」連鎖超市之外，「Terra Madre」是我最常逛的一間有機超市，食材、居家用品應有盡有，產地到貨架公平交易，來這裡消費也是支持小農。

自備購物袋是基本，所有蔬菜、肉品當然沒有包裝完全裸賣，紙盒裝的蛋品都是非籠飼雞蛋，但更讓我驚訝的是，蛋盒上除了詳細產地之外，還有註明「每隻雞能享有的生活空間」，而不只是標註平飼而已！

第一次來的時候我挑選了一盒最貴的雞蛋，那麼雞的「生活空間」根本是放山雞的等級了！回家煎荷包蛋，想試試幸福雞下的蛋吃起來到底有什麼不同，但吃慣日本雞蛋的我發覺這澳洲雞蛋有一種熟悉的「硫磺味」？

對，我印象很深刻，小時候吃的雞蛋都帶有一點淡淡的硫磺味，並不會臭，而我一直以爲那就是雞蛋該有的味道，長大之後卻越來越吃不到有這個氣味的蛋，在日本更沒有。那一口荷包蛋吃下去，身處異鄉的我，居然湧現出滿滿的兒時味覺記憶，淋上一點醬油，這就是我最熟悉的溫暖。

上網查了雞蛋與硫磺味的資訊，有的是說雞蛋不新鮮才會產生硫磺味，但我確定這蛋很新鮮；也有文章說台灣人會把「去溫泉區煮雞蛋」的嗅覺記憶錯置，所以覺得白煮蛋＝硫磺味，但我小時候並沒有去煮過溫泉蛋。

「好像滿多蛋都有這個硫磺味耶？我上次在Terra Madre買的雞蛋也有。」朋友這樣說。我跟她研究了一下，或許是有機飼料的關係？

我買的這一盒雞蛋本來是想拿來煮玉子燒跟西班牙烘蛋的，但我捨不得用調味料蓋掉那個味道，最後通通煮成白煮蛋，上學前就剝一顆來吃，有硫磺味的蛋吃起來感覺更有營養？這個極細微又神祕的味覺感受，居然成爲我澳洲生活的難忘記憶。

至於預定要做給朋友吃的玉子燒怎麼辦？幾天後我去市區的亞洲超市買了塑膠盒裝的蛋，煮起來果然跟平常在日本、台灣吃的一模一樣，而那塑膠盒被我帶回 Northcote，成爲了當地稀有的塑膠垃圾。

第83道 Four Pillars Gin的席哈葡萄琴酒

他們用當地雅拉河谷所產、
釀紅酒用的席哈葡萄完美融合琴酒……
不但保有葡萄酒的單寧、香甜味，
還讓琴酒原本的香料味提升到如同口中的驚喜亮點！

在台灣幾乎沒人問過我：為什麼英文名字叫「Gin」？畢竟在亞洲國家英文名字取什麼都不奇怪，Apple、Kitty、Honey……多的是動物、食物被拿來當名字，但到了英語系國家，我卻常常被問。

我的名字是「靖」，當然是取諧音，但我又不喜歡Ginny或Jean，對老外來說Gin就是杜松子藥酒，簡稱琴酒。來澳洲時當然也常被問是不是很喜歡喝酒，每當我說Yes，馬上就開啟了熱絡的酒鬼話題，也加深了別人對我的印象。我覺得這名字沒什麼不好的！比較尷尬的是，我其實一直都不太喜歡喝琴酒，它的確有一股強烈的香料藥草味，直到這次喝到「Four Pillars Gin」（四柱琴酒酒廠）的「Bloody Shiraz Gin」（席哈葡萄琴酒）才改變了我對琴酒的印象。

· · ·

語言學校的課程結束後，我選擇留在墨爾本多玩一個禮拜！要不是必須回台灣工作、更必須回日本安撫氣到不行的另一半，我根本想永遠住下來……至少讓我完成兩個未完的心願：吃完墨爾本的前十名越南河粉、抱到袋熊，結果最後還是來不及達成。雖然遺憾，但朋友安排了一天完美行程：「Peninsula Hot Springs」（半島溫泉）加上「Four Pillars Gin」酒廠，距離墨爾本市區開車只要一個半小時就能抵達，沿途美景如夢似幻。

「Peninsula Hot Springs」是個占地廣大的人工溫泉ＳＰＡ，座落在大自然中，依山而建，跟四周環境完全融爲一體。來這裡泡湯要穿著泳衣，都是男女混浴，總共有數十個風格不同的浴池，有的在森林裡、有的在洞穴中，還有一個在制高點的小浴池，白天能飽覽大片綠色美景，夜晚有無光害的無敵星空……雖然不是眞正的溫泉水，但極致的開放感令人讚嘆不已，這種奢侈享受連在日本都很稀有。

而抵達溫泉之前，我們先去了趟「Four Pillars」琴酒酒廠，「Four Pillars」是一個很新很新的廠牌，一問世就得了一堆世界大獎，它進化了琴酒的製程，把這個曾被視爲傳統藥酒的東西變得年輕化，例如加入跟香料本來就合拍的柑橘風味、甚至是日本柚子，還有爲了不同調酒目的而特別釀造的「Spiced Negroni Gin」（尼格羅尼琴酒）。

但最讓我驚豔的，是他們用當地雅拉河谷所產、釀紅酒用的席哈葡萄完美融合琴酒，研發出了一瓶豔紫紅色的「Bloody Shiraz Gin」，不但保有葡萄酒的單寧、香甜味，還讓琴酒原本的香料味提升到如同口中的驚喜亮點！包裝也非常漂亮有設計感，澳洲式的文青幽默風格。

「我要買四瓶 Bloody Shiraz Gin！」

喝完所有的試酒後，我跑到櫃檯開啟購物模式。四瓶玻璃瓶不輕，爲了將這四瓶酒帶回台灣，我根本無法再買其他任何有重量的澳洲紀念品了，但我當下心中只有這句話：以後喝不到了怎麼辦？

可能是太開心又有點微醺？我居然沒等任何人問我，就主動對櫃檯的服務人員大喊說：「我的名字叫 Gin！我喜歡喝 Gin！」

然後在那一刻，整間酒廠的人都知道我的名字是 Gin……

・・・

那天結束之後，我回到住處用所有的衣服小心翼翼地把琴酒包裹起來、放進託運行李，而不管是袋鼠餅乾、洋芋片……反正我已經沒有任何空間餘裕，通通只能放棄。那四瓶琴酒帶回日本之後很快就喝光光，連留作紀念的一瓶都沒有，隨之我的澳洲回憶也逐漸消逝了。

多年之後，我在台南的酒吧看到「Four Pillars Gin」的琴酒覺得非常驚喜，也才知道台灣已經有代理商引進，但我卻沒有再購買，因爲那琴酒對我來說是爲墨爾本留學之旅劃下句點的儀式感。

第

84

道

新加坡機場的海南雞飯

雖然知道海南雞的白斬雞本來就比較軟嫩，
但這軟到連肌肉纖維都沒有，然後雞油飯非常非常甜，
雖然有香蘭葉的香氣，但調味真的太甜了……
再搭上新加坡黑醬油膏，就是甜上加甜。

我買到新加坡航空來回墨爾本的特價機票，在新加坡樟宜機場轉機也令人安心，唯一的不便處是回程轉機時間有八個小時，還在三更半夜，即使出關也沒什麼搞頭，不如乾脆在機場內過夜。

「新加坡機場很好睡！直接找個角落睡就好了！」朋友這樣告訴我。

所以我登機前就準備了外套、眼罩，畢竟世界上很少有獨身女性能安心亂睡的地方，我很期待這個體驗。

樟宜機場設施包括二十四小時的小吃美食街、免費電影院、熱帶植物園，在裡頭根本不會無聊，但其中最吸引我的當然是一嚐道地海南雞飯這件事！於是我下飛機後就直奔小吃街，換好餐券、點了海南雞腿飯，興奮地端到桌子上大快朵頤……

「嗯，這雞肉也太軟了吧？」一口咬下，我皺了個眉頭。

雖然知道海南雞的白斬雞本來就比較軟嫩，但這軟到連肌肉纖維都沒有，然後雞油飯非常非常甜，雖然有香蘭葉的香氣，但調味眞的太甜了……再搭上新加坡黑醬油膏，就是甜上加甜。

我不知道這是否爲道地海南雞飯的口味，還是只是機場內的一個地雷？

從來沒入境過新加坡的我在心裡打上一個大問號，發誓有朝一日一定要去嚐嚐眞正好吃的。

・・・

時序進入深夜，我在電影院附近看到好多席地而睡的人，於是我也找了一塊地板躺下，用後背包當枕頭、把手機護照放在身上外套的夾層暗袋中……半夢半醒地打盹了一會兒，然後聽到有人在走動的聲音——應該是航警？

「小姐、小姐。」航警輕拍我的肩膀把我喚醒。

「可以給我看一下妳的護照跟登機證嗎？」

我迷迷糊糊地拿出護照跟登機證給他查驗，航警確認了之後把文件還給我，然後小聲地說了一句：「祝妳好眠。」

這種安心感讓人覺得好溫暖。雖然以前也曾當過睡機場的背包客，但能這麼放鬆還是第一次——令我想起故鄉台灣。是啊，是時候該回家了。

・・・

抵達台灣沒幾天，我又飛去日本了，丈夫見到我第一面就氣呼呼地指責說：「妳這樣去英文有進步嗎？還不是爲了玩？知不知道因爲妳沒有幫我處理事務，害我損失了多少工作？？妳是笨蛋嗎？」

留學是我從小到大的夢想，卻等到三十幾歲靠自己存夠了錢才能實現，從小家境富裕、應有盡有的丈夫或許無法體會這種感動吧？但他說得也沒錯，確實我這趟是玩的成分比較多，對未來的事業一點幫助也沒有……我又浪費了人生在不該做的事情上嗎？

從那一天之後，我就再也沒有提起澳洲留學期間的事情了，又過了幾天之後，我的手機突然當機，拿去銀座 Apple Store 維修，雖然把手機救了回來，但所有過去的照片竟然通通消失、墨爾本的回憶一張都不留。

店員只說：「這是有機率發生的事情，所以雲端備份很重要。」

這回答很不負責任，我卻不打算追究……因為那些回憶反正沒有用。

又過了很多很多年後，我離婚，成為了一個快樂的單親媽媽。某晚我跟孩子相擁著在看實境節目《廚神當道澳洲版》（*MasterChef Australia*），他們拍到了墨爾本的街景、甚至是我熟悉的商店，我指著電視對孩子說：「媽媽去過這裡喔！」

「我也要去！」

「好喔，媽媽以後帶你去……那你可以順便陪媽媽去新加坡吃海南雞飯嗎？」

「好啊！」兒子根本不知道什麼是海南雞飯，但他超級期待。

或許某一天，我才會發覺過去的人生歷練都是有意義的。

輯五、

新生活與新生命的味覺記憶

第85道

星巴克熱可可

雖然已經可以喝咖啡了，但我還是點了一杯熱可可。溫熱的、濃郁而甜蜜的液體順著喉嚨而下，甜度有些膩口，但反而溫暖了我的身心，我瞬間覺得肩上有塊大石頭被溫柔地放下……

這是在我旅日期間、結婚生子前幾年發生的事……

獨自去搭乘回台灣班機的前一刻，男友對我說：「妳給我滾回台灣！不要再來日本了！」因爲我安排的拍攝時程表出了大差錯，讓他沒時間修圖如期交付給重要客戶，理虧的我表示可以幫他做後置，兩個人同步修圖，這樣就趕得及交稿了，但他卻回了一句：「妳的品味很差，只會搞砸我的作品。」

說實在的，那段時間我已經被精神霸凌到失魂的狀態，在日本的工作壓力異常驚人，我甚至相信自己是個什麼都做不好的廢物，還出現了嚴重的焦慮心悸症狀，連搭個飛機都差點喘不過氣。但一切只能歸咎於自己「能力不足」、「抗壓力不足」，在日本那個遵循叢林法則、適者生存的社會風氣中，或許我就是該被淘汰。沒有人能憐憫犯錯的人，「土下座」也解決不了問題。

而當我回到台灣幾天之後，收到了必須離開原本經紀公司的通知，未來的生計更加渺茫了……

「我到底爲什麼會這麼沒有用？」

當我正痛心地自責，卻發覺自己生理期遲來，忐忑地檢驗看看……兩條線。

那一瞬間我蹲坐在廁所大哭，空空如也的帳戶加上殘破的自我價值，如果生下孩子，未來的日子該怎麼走下去？得知自己懷有身孕的那段日子，我比人生所經歷過的任何一刻都想死。我是全世界最沒有資格當媽媽的廢人，孩子你來幹嘛？

不敢去思考要不要把孩子生下來，彷彿忽略這個問題、擺著不管，靈魂總有一天會自然腐爛。精神狀態又跌落到了十幾年前重度憂鬱症的深谷，入眠時許著願，只希望隔天不要活著醒來面對現實。但就在那段時間，我的腦波卻產生了很奇妙的變化，即使含著淚入睡，卻睡得很深、很沉……在夢境中我會成爲冒險電玩的角色，與同伴駕駛輕航機迫降在亞馬遜河，與史前殭屍展開搏鬥，或是在「Cyber Punk」宇宙都市中成爲追緝異星怪物的警探……我的夢境非常驚險刺激，卻不帶恐懼，彷彿看了一場精彩的４D好萊塢動作電影。

每天的夢境都不一樣、每天冒險的地方都不一樣，但我在劇情中同樣勇敢、愉悅而強大。某一瞬間，我突然察覺到：這是與肚子裡孩子的意識連結？他正在鼓勵我。

日子一天一天過去，某天我到醫院產檢，超音波照出了兩個小胚胎……醫生說沒有家族史的異卵雙胞胎不常見，但同時，醫生也發覺那個較大的胚胎並沒有繼續成長，數週之後，醫生確定兩個胚胎都停止發育了，建議我做人工流產。

我其實非常難過，因爲之前每天晚上入睡時，我都還能跟著孩子一起去冒險，夢境中的世界比現實美好太多，在這些日子的「相處」下，我甚至做好了生下他一起面對未來挑戰的心理準備，怎麼孩子選擇先走了呢？你爲什麼不留下來陪媽媽呢？是你知道時間還沒到嗎？

那次就診回家之後，我再也沒做過夢了。

・・・

我在台北醫學大學的醫院藥局領取了RU486，簽了好幾個名，台灣法律規定終止妊娠需要丈夫同意，但好險我當時未婚，所以不需要聯絡對方。藥師給了一杯水，我在藥師、母親的陪伴與見證下一口氣把藥丸吞了下去，當下的心情很鎮定、很平靜，因爲我確定孩子已經不在了。

結束後我跟母親來到北醫對面的星巴克，雖然已經可以喝咖啡了，但我還是點了一杯熱可可。溫熱的、濃郁而甜蜜的液體順著喉嚨而下，甜度有些膩口，但反而溫暖了我的身心，我瞬間覺得肩上有塊大石頭被溫柔地放下，那個味覺記憶我永遠難以忘懷。又幾天之後，我去找熟悉的紋身師朋友，在我孕期感到抽搐的側腹下刺了兩顆星星，一大一小，代表曾經來鼓勵過我的兩個孩子。

・・・

一週後，男友要我回日本，早已沒有憤怒的我選擇回到他身邊。那之後的相處少了很多衝突，兩人的關係也改善很多，男友似乎有變得比較體貼？

我對他說這件事：寶寶來了，又沒了。

「在三個月前很常見。」他很冷靜，不愧是當過爸爸的人。

「是啊，醫生也這樣說。」

「所以日本人在懷孕三個月前不會告訴別人，萬一別人大費周章準備禮物，結果寶寶又沒了怎麼辦？不是很失禮嗎？」

「台灣也是！在懷孕滿三個月前不能說！原來日本也一樣！」

但邏輯似乎有點不同？台灣人是迷信太早說容易流產，日本人則是怕影響別人。

他不懂我為什麼要在側腹紋身，還嫌棄那個紋身很俗氣，我不氣他，因為我知道他完全沒有經歷過這一切……不到三個月的胚胎能跟媽媽溝通，這根本是玄學。

又過了幾年，我完全沒有去思考懷孕生子的事情，也逐漸淡忘了當時的夢境。我在一次與男友的京都旅行後回到台灣，然後發覺生理期遲來……一驗，深深的兩條線。

「謝謝你回來陪媽媽。」我對著自己的肚子說，我知道那顆大星星回來了。

這次，醫院超音波照出胚胎的強壯心跳，我一如往常到北醫對面的星巴克喝了一杯熱可可……然後，我又開始在夢境中冒險了。

第86道

美而美的漢堡肉

豬或牛雞絞肉、紅蘿蔔碎、洋蔥碎……

主要是地瓜粉，然後以鹽、白胡椒、味精和一點五香粉調味，

在平底鍋上用鐵鏟出力壓扁煎得「恰恰」，

這才是台灣早餐店那塊謎之漢堡肉！

一九八一年第一家美而美在台北開業，從此之後改變了整個台灣的早晨，不是眞正的「西式」，而是經過本土化的口味，其中我覺得神祕的品項是「漢堡」，尤其裡面所夾的那個漢堡肉，那是拒吃西式早餐的我唯一願意吃的漢堡——因爲那眞的不是歐美食物，根本就台味十足。

旅居日本時我曾經很想念台灣早餐店的漢堡，還上網研究了做法，但照食譜上的方式怎麼做都會變成普通的漢堡肉，吃起來太天然了。後來查到有些食譜會在絞肉餅中加「餅乾」取代澱粉的成分……嗯，還是不對。

經過我夙夜匪懈地研究，才終於破解了台灣早餐店的漢堡排：豬或牛雞絞肉、紅蘿蔔碎、洋蔥碎……以上都少少就好，主要是地瓜粉，然後以鹽、白胡椒、味精和一點五香粉調味，在平底鍋上用鐵鏟出力壓扁煎得「恰恰」，這才是台灣早餐店那塊謎之漢堡肉！再把漢堡餐包抹上番茄醬、台式半透明美乃滋，煎個荷包蛋灑胡椒鹽，然後配上洋蔥絲、小黃瓜絲，我成功地複製了台灣早餐店的漢堡。

日本朋友吃了一口說好吃，但機警地問我裡面是什麼肉，我說是「謎肉」，跟日清杯麵裡的那種褐色立方體一樣，沒有人知道它到底算是眞的肉還是肉味的澱粉加工品。

住在海外的那段日子眞的會因爲思念家鄉味而讓廚藝大進步，我最常做的早餐就是粉漿蛋餅，後來在北池袋陽光城華人超市買到了蛋餅皮跟蔥抓餅。誰能想到對台灣早餐店不太感興趣的我，有一天會拚了老命想複製美而美漢堡排中那個奇怪肉排的味道？

第
87
道

孫東寶牛排的玉米濃湯

打了蛋花、用太白粉勾芡而濃稠的玉米濃湯是台灣的味道……

我認爲它根本是間「被牛排耽誤的玉米濃湯店」！

我常常爲了那喝到飽的玉米濃湯，而特地去孫東寶點購最便宜的餐點。

很喜歡台灣人對於食物的執著與幽默，例如嘲諷肯德基是「被炸雞耽誤的蛋塔店」、麥當勞是「被漢堡耽誤的薯條店」……每次看到這種網路哏都充滿身為台灣人的認同感。我自己最有感受的還有一間店：台式牛排孫東寶，我認為它根本是間「被牛排耽誤的玉米濃湯店」！我常常為了那喝到飽的玉米濃湯，而特地去孫東寶點購最便宜的餐點。

打了蛋花、用太白粉勾芡而濃稠的玉米濃湯是台灣的味道。小時候期待去吃我家牛排、夜市牛排時不是為了充滿嫩肉精的合成肉，而是為了台式玉米濃湯，其中要屬孫東寶的最濃、最油、料最多，基本喝上兩碗就夠飽足，我曾經因為心情不好而喝了五碗，喝完什麼事都沒了！

在日本喝不到這種料理，日本的玉米濃湯是用玉米打成糊的正統做法，金黃色的粉質口感，完全為玉米的甜味，並沒有加太白粉與蛋花、一大堆配料。雖然旅日時多帶了幾包康寶濃湯嘗試自己複製，但每次回台灣都還是會衝去牛排店一解鄉愁。勾芡玉米蛋花湯搭配上廉價奶油餐包，是西餐嗎？不，那是台灣人的療癒食物。

路易莎是「被咖啡耽誤的早餐店」、拿坡里披薩是「被披薩耽誤的炸雞店」……然後大家去三商巧福其實是為了吃酸菜才點牛肉麵，一切都是將錯就錯的策略。

如果吉野家只有牛丼最好吃，大家就只會吃它的牛丼，當牛丼吃膩了將不會再訪；但如果有人發覺：吉野家的咖哩比牛丼好吃！那兩種餐點都會持續地有人點購，店家的獲利反而能持久。

人生中曾經有那麼一瞬間對經營餐飲業產生興趣，但所幸沒有資本也毫無時間精力，才沒掉入這個坑。我是永遠的顧客，享受於找出店家熱門餐點的矛盾之處，讓戲謔與笑容隨著濃郁、香甜的勾芡湯頭溫暖心底。

第88道

羽田機場夢吟坊的蔥烏龍麵

烏龍湯麵覆蓋上滿滿的蔥花與芝麻，整片綠油油的一碗，不把蔥花推開根本看不到底下的湯麵。

重點不是口感過軟的烏龍麵條……

而是那海量的、爽脆而鮮甜的蔥花，還有焙燒白芝麻。

羽田機場國際線通過安檢門後的美食餐廳依然很多，其中最受歡迎的應該是「六厘舍」吧？六厘舍的沾麵使用又粗又有嚼勁的全麥麵條，咀嚼時能感到濃厚的小麥香氣，魚介豚骨湯柴魚味重而呈現中規中矩的平衡感，分量十足。喜歡沾麵的人一定會讚賞，但我本身卻對沾麵沒太大執著。六厘舍也有拉麵，相較於沾麵就顯得普通多了。無論拉麵還是沾麵，都是在台灣也能吃到的料理，所以每次要飛回台灣時，我不會選擇六厘舍作爲自己在日本國境內的最後一餐，而是它隔壁的「夢吟坊」。

夢吟坊賣的是烏龍麵、蕎麥麵……那在台灣不是更常見嗎？但他們家有一道「蔥烏龍麵」，就是烏龍湯麵覆蓋上滿滿的蔥花與芝麻，整片綠油油的一碗，不把蔥花推開根本看不到底下的湯麵。重點不是口感過軟的烏龍麵條或平實的日式高湯，而是那海量的、爽脆而鮮甜的蔥花，還有香氣十足的焙燒白芝麻。如果點這道，店家會附上一支滿是洞洞的特殊湯匙，就是讓人把蔥花撈起來吃的。

日本蔥花完全沒有辛辣味，反而不搶拍地提升了京都風高湯的層次，是在台灣絕對沒有的美味，而生鮮蔬菜不能帶進台灣，所以這道料理回台灣就吃不到了。但我發覺在機場點這道湯麵的人並不多，幾乎每次都是點餐後馬上拿到，溫潤也不油膩，吃完肚子還能塞得下飛機餐。

・・・

二〇二〇年疫情鎖國前，我最後一次搭飛機離開日本，那時一人獨自抵達羽田機場，肚子裡有五個月大的寶寶。這一趟回台灣首先需要面對十四天的隔離，而且不知道要再多久才能重新踏上日本國土。

上飛機我就打算全程戴口罩不用餐了，但離境前的最後一餐，當然也是夢吟坊的蔥烏龍麵。羽田機場航廈空空蕩蕩的，商店人員比旅客還多，我端著麵坐在一個能看見窗外風景的角落，確定方圓幾公尺內都沒人才敢拿下口罩。

「いただきます。」我開動了，我拿著筷子合掌，在用餐前說出這一句，心中帶著複雜的情緒。一如往常地吃完了整碗滿滿的青蔥、芝麻、麵、湯，這一次我意外地不反感烏龍麵過軟的口感，反而咀嚼到了澱粉的甘甜，而青蔥跟芝麻則是同樣令人驚豔。

我很感謝日本這塊土地給我的歷練，喜怒哀樂、酸甜苦辣，種種味覺記憶都在我腦海中跑過一遍。聽到登機廣播，我回過神、戴上口罩，把空碗放上回收檯。

「ごちそうさまでした。」謝謝招待。

店員聽到我說這句話回應了一下，但其實我想傳達給這些年所有遭遇到的人事物。藉著這碗回台灣後再也吃不到的味道，暫別日本。

多年過去，其實也沒那麼想念了，因爲別離不是令人感傷的事，味覺記憶早已永遠留存在我的心中。

第89道

Uber Eats的施福建好吃雞肉

我滑到施福建好吃雞肉飯便當，
喜歡吃雞肉的我開心地喊出聲：
「連這種排隊名店都可以外送啊？」
然後，突然之間，我感受到非常明顯的胎動！
這是我此生第一次感受到胎動……

「我決定要回台灣了。」我對丈夫這樣說著，意志很堅定。

「爲什麼不留在日本生呢？」從他如此發問，我更能確定他完全不理解事情的嚴重性。

二〇二〇年三月，志村健往生了，東京奧運延期了，每天聽到救護車來回奔走的聲音令人心生恐懼。眼見隔壁鄰居老太太被穿著防護衣的人員運上擔架，數日後，他們家就開始辦治喪，沒有人能見親人的最後一面，只要斷氣就直接火化。沒有疫苗、沒有解藥，沒有孕產婦敢去醫院……那要怎麼生小孩呢？

日本網路論壇上的媽媽們紛紛詢問自宅生產的準備措施，也有助產士願意到宅服務，但無法打止痛分娩，如果遇上緊急狀況也不見得有辦法立卽送醫，而我已經好幾個月沒做過產檢了，孩子一切還好嗎？從沒感受過胎動的我，至今也無法得知寶寶的狀態。

我們幾個嫁到日本的台灣太太討論該何去何從，但大家也很清楚，在這個世界國境封鎖的情況下，一旦離開日本，短時間內要再回來跟另一半相聚實在不容易。但就在距離不遠的家鄉台灣，那個社會彷彿處在一個沒有疫情的平行時空，大家正常上班、正常上學，甚至聚餐、逛夜市、看電影。

反觀我跟丈夫，這幾年歷經好幾次分分合合，一直在承受極大的精神壓力與被害恐懼的我，反而很想找機會逃離這段關係，但卻沒有足夠的勇氣。人家說交男友要找績優股，是啊，這幾年他從一個成人影片公司的小職員，成爲收入極高的大攝影師，當初還是我送給他人生第一台單眼相機、鼓勵他開始學攝影的，換來的卻是暴力對待。

在父權家庭成長的男性很矛盾，心底完全瞧不起女人，但又害怕成爲另一個「兒子」的父親。當初我告知懷孕消息時，他並不開心，第一個回應就是：「如果是兒子就丟掉！」

他自己是在父親的暴力下成長的，但卻總是在複製著自己父親的行爲模式，我能感受到他的強烈不安。

如果此時我選擇回台灣生產，我們就會離婚，我很確定這一點，然後小孩不會有日本國籍，我也不會得到居留證。上天給了我一條顯而易見的岔路，要往哪裡走下去？我想保護肚子裡的寶寶，我想在自己的母親身邊度過孕期。

・・・

那一天我從羽田機場搭上ANA的班機，全程戴著口罩不用餐，我問空服員這班飛機上有多少乘客，她說只有五個人，比機組員數還少。

「眞的很感謝你們公司沒有取消這班飛機。」我對她說。

我很期待回到台灣能脫下口罩鬆口氣，但網民都在咒罵從國外回來的人，我也不知道會受到怎樣的對待。結果抵達松山機場，機場人員帶我走向防疫通道、搭上防疫計程車，然後帶著微笑對我說：「歡迎回家。」

我的眼淚再也止不住……回家眞好！我摸摸肚子對寶寶說：「我們回家囉！」

接下來，要面對的是長達十四天的居家隔離，母親也不在身邊，但對一個孕婦來說沒有任何問題，畢竟家裡的一切都是熟悉的。

我打開手機上的 Uber Eats，想嚐嚐好久沒吃的台灣家鄉味，滑著滑著……這看起來也很好吃、那看起來也很美味，我不由自主地露出了微笑。然後，我滑到施福建好吃雞肉飯便當，喜歡吃雞肉的我開心地喊出聲：「連這種排隊名店都可以外送啊？」

然後，突然之間，我感受到非常明顯的胎動！這是我此生第一次感受到胎動，奇妙到難以形容。

我摸摸肚子問：「你想吃好吃雞肉嗎？」

等了兩秒，肚子裡的寶寶又開始動來動去，我知道他很興奮，彷彿在手舞足蹈。

「原來你跟媽媽一樣，還是比較喜歡吃台灣味齁？」

於是我跟寶寶人生的第一次約會，吃了外送的好吃雞肉飯，我還追加了一份雞肉。

過了十四天解隔離後去做了第一次產檢，一切安好，超音波看出是個男生。

我腦中不免出現前夫那句：「如果是兒子就丟掉！」

但對於一個媽媽來說，二選一並不困難，是時候跟過去的一切說再見。

第 90 道

發霉蛋糕換來的岡山晴王麝香葡萄

我摘下一顆放進嘴裡咀嚼……

這是葡萄嗎？

皮很薄，的確如其名有一股白麝香的味道，

而且果肉的口感非常奇妙，

像是加了吉利丁一般的果凍ＱＱ的！

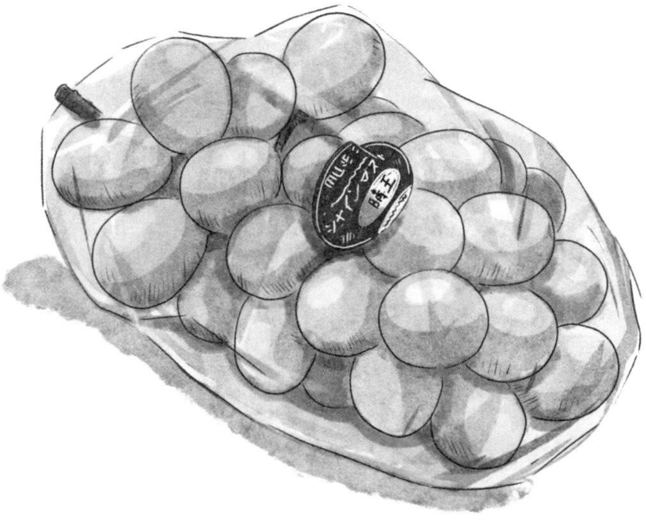

說到「有口福」，這應該是我人生中很幸運的一件事吧？

我並不是一個喜歡吃水果的人，此生幾乎沒有爲了想吃某種水果而花錢消費的經驗，要我吃水果不是被媽媽逼著吃，就是外食餐後附贈的怕浪費加減吃。

以前說給日本朋友聽，他們都覺得不可置信，在日本水果是奢侈品，尤其是一些名牌品種水果。在銀座的高級水果店中，一顆哈密瓜動輒八千日圓、一串葡萄六千日圓，其中白麝香葡萄的品種又以「岡山晴王」最有名，套句俗氣形容詞就是「麝香葡萄界中的ＬＶ」，卽使到產地買還是差不多昂貴。

我一輩子都不可能花這麼多錢買一串葡萄來吃，所以也不知道它到底貴在哪裡，不就是白葡萄嗎？

・・・

孕期時的賀爾蒙變化很奇妙，從懷孕五個多月開始，我的飲食習慣就產生了巨大的改變，我變得不敢吃辣、飲食淸淡，而且愛上甜食與水果！既然妊娠糖尿驗過了一切正常，我也就沒什麼忌口，可能肚子裡的孩子喜歡吃甜食吧？

有一天我跟母親到台北某間進口超市買菜，架上有切片的水果蛋糕看起來相當可口，所以就買了一盒回家，小小一塊兩百元並不便宜，但奶油夾層中有著滿滿的新鮮草莓。回到家後，我們母女倆興高采烈地打開來，各拿了一隻叉子，切了好大一口。

嗯，好吃！她一口、我一口……吃了幾口之後，我察覺不太對勁，不是味道奇怪，而是蛋糕上怎麼有綠綠的東西？仔細一看，草莓的切口處出現了霉斑！

「哇！那就不能吃了！」惜福的媽媽覺得很可惜，在想是不是把發霉的部分拿掉還能吃。

結果我這個孕婦立即阻止她，請她拿去丟掉，現在想想當時明明有孕在身，吃了發霉蛋糕的我居然一點都不緊張，也實在是滿奇妙的。

蛋糕並不貴，但百貨公司內的超市品管出問題還是不對，我們懶得換貨，就拍了照在網路上客訴了一下。超市公關立刻道歉並把產品下架，然後說要送個禮盒表達歉意……本來媽媽還不好意思收，但我說：「就拿吧，畢竟我們也吃了幾口發霉蛋糕啊！」

隔天收到快遞的冷藏生鮮禮盒，一打開，居然是白葡萄，上面寫著「岡山晴王」——不正是他們超市有賣的，一串要破千元台幣的葡萄嗎？我這輩子都不可能花這麼多錢去買一串葡萄，居然在這種情況下給我吃到了。

從沒吃過麝香葡萄的母女兩人有點傻眼，想說這個葡萄蒂頭怎麼這麼粗，根本是樹枝……稍微洗乾淨後，我摘下一顆放進嘴裡咀嚼……這是葡萄嗎？皮很薄，的確如其名有一股白麝香的味道，而且果肉的口感非常奇妙，像是加了吉利丁一般的果凍ＱＱ的！雖然很甜但不膩口，我們此生從來沒吃過這種水果。

「喔，這他媽的眞好吃……」連我媽都吃到爆粗口。

之後台灣大賣場開始進口長野、韓國的麝香葡萄，價格親民很多，我們也去買了一串，試試看能不能回味當時的感動？結果……差太多了，平價麝香葡萄跟岡山晴王完全是不一樣的東西，美其名只能稱爲高級白葡萄，死甜、皮厚、沒有麝香味，更沒有果凍口感。

因爲吃過「岡山晴王」，現在的我會說：一生一定要吃一次看看！但如果當初不是那個發霉蛋糕，我應該一輩子都不會吃過吧？

第 91 道

小龍飲食的怪味雞

怪味雞的外型有點嚇人，很綠……
上層是用菠菜、蔥蒜打成的中式青醬，
鋪在白斬雞腿肉上，下面是帶有花椒麻味的辣油，
吃起來口感類似川菜「口水雞」，卻因爲菠菜醬而讓口感更溫潤。

約莫有十年間，我時常接待來台灣玩的日本朋友，自有一份「推薦給日本人的台北美食清單」。這份清單要跟一般旅遊書上介紹的不一樣，太紅、太觀光的店不行，例如鼎泰豐明明很好吃卻無法列入，然後最好是能感受到「台式文化」但衛生度也沒問題的餐廳或小吃，例如一些台式熱炒店他們就很喜歡：先進海產、市民大道熱炒……或是石頭火鍋，我推薦西門町雅香，乾淨一點。

我跟台灣朋友們會交換更新這份清單，一旦有某人的日本朋友來了，才能互相支援、讓台灣美食裡子面子都顧到。台灣人的民族性普遍來說不算好勝，但在美食方面輸不得。

台灣人重視的CP值不在這份清單的衡量之列，因爲依照約十年前的匯率，台灣所有餐廳對日本人來說都很便宜。台式口味但符合日本人習慣是首選，通常不會太奇怪，卻也是有一些會讓日本人感到驚豔的特例，例如小龍飲食的怪味雞。怪味雞的外型有點嚇人，很綠，每次上桌都能聽到日本人誇張地大喊：「這是什麼!?」屢試不爽。

上層是用菠菜、蔥蒜打成的中式青醬，鋪在白斬雞腿肉上，下面是帶有花椒麻味的辣油，吃起來口感類似川菜「口水雞」，卻因爲菠菜醬而讓口感更溫潤。在日本普遍的中式雞肉涼菜只有「棒棒雞」就是雞絲淋麻醬，所以這對日本人來說是全新的口感與味覺，他們很喜歡花椒，再加上紅配綠的視覺衝擊非常討喜。

帶他們去小龍飲食我是覺得滿穩當的，店齡超過四十年，破舊的裝潢散發出一種自豪氛圍，日本客也很喜歡小菜的干絲、豆魚，還有黑人乾拌麵，但滷味卻不一定對日本人的胃，總之能下酒爲首選，他們只要有酒、氣氛對就很滿足。

不少台灣食客不推小龍直說太貴，那不在討論範圍，我也是只有帶日本朋友玩的時候才會去吃，但因爲每個月都有好幾組日本朋友來訪，結果就變成常常去了。

新冠疫情之後，一切都變了。曾經每年都來台灣兩次的日本朋友再也不來了，原因只有一個：日幣貶值。

疫情之後，來台灣旅遊一點都不平價，最可怕的是住宿費，跟以前來台灣玩的物超所值比實在差太多。所以日本人會去幣值同樣溜滑梯的韓國吃美食，或是物價較低的越南旅遊，台灣已經不再是首選。來台灣玩的日本朋友少了，那份珍貴的美食清單我也很少使用了。

第 92 道

通化街冰火湯圓

這道純白無瑕的美食的確令人驚豔，
熱呼呼、白胖胖的包餡湯圓鋪放在綿密剉冰上，
像極了雪巢中的白嫩鳥蛋，
再淋上富有濃郁花香味的桂花蜜。

「如此的料理怎麼會出現在這裡？」安宗先生流露出疑惑的神情。

「太美了！味道也高雅！還以爲會是在高級的店裡販賣！」

他所讚嘆的是一道叫「冰火湯圓」的甜品，算是台北通化街、臨江街夜市的排隊美食，販售的店家看來相當不起眼，沒有任何裝潢或設計感，就是一間在夜市巷子內賣甜品的小店。但這道純白無瑕的美食的確令人驚豔，熱呼呼、白胖胖的包餡湯圓鋪放在綿密剉冰上，像極了雪巢中的白嫩鳥蛋，再淋上富有濃郁花香味的桂花蜜。

剛煮好的湯圓外皮因爲被冰鎮而變得更有Q度，裡頭的芝麻或花生餡卻依然呈現燙口的流沙狀，而桂花蜜的甜度不高，讓湯圓的層次更加提升，顧客還可以自由添加檸檬汁，讓清新感更鮮活。這種搭配法比傳統的湯圓吃法優雅多了，外型也無瑕，販售它的店家風格還眞的相襯不上。

因爲母親對於糯米製品嚴重過敏，所以我小時候很少吃年節應景食物；過年不吃年糕、元宵不吃湯圓、端午不吃粽子……久而久之也習慣了不去追求糯米製品食物的味覺。卽使在台北市信義區住了幾十年，要不是安宗先生主動提出想嘗試看看，我可能這輩子都不會認識這道冰火湯圓，那將會是一個缺憾。

・・・

安宗先生是我剛到日本做模特兒時認識的前輩，當時我還不會說日文，但長期旅居美國的安宗先生英文很好，所以兩人成爲常聊天的忘年之交。

他年長我十多歲，是一個美食企業家，有生活品味、富有、單身。我與他的友誼是很純粹的，完全專注於美食情報的交換，他很喜歡台灣料理，甚至爲了一嚐眞正的「台灣味」特地跑來台南、嘉義大吃三天三夜，是個對食物的文化與背景故事有熱忱的人。

前夫總告誡我提防著他，怕他對我有非分之想，我覺得這種擔憂實在多慮。對方因爲工作性質的關係，身旁總是藝人美女如雲，是不是眞的紳士？女性朋友們最清楚。但前夫卻一直很在意我們之間的聯繫。爲了讓前夫安心，我選擇減少與安宗先生的會面與聚餐，我很難過，因爲這讓我減少了很多吃美食的機會。

這次他聯絡我，表示要在京都投資甜品餐飲業，想到台灣踩點，問我能不能翻譯與帶路，我當然一口答應。短短幾天我們吃遍北中南。其中通化街的冰火湯圓，是我們一致認同最能合作的，但日本人對於「桂花釀」並不熟悉，特殊的花香味不夠大衆，在對食材口味保守的日本難以普及，這是他要思考與克服的難題。

我與安宗先生當時很積極地討論這個問題，每一次的思索，味覺記憶都重新浮現在腦中。那種投入的感覺就像做科展的小學生一般熱情，人生很少能有如此單純的快樂，這就是甜食的力量？

・・・

幾年過去了，我帶著身孕回到台灣、育兒、恢復單身，然後毅然簽字後才從朋友那輾轉得知，當初強烈要求我與異性好友斷絕聯繫的前夫，居然疑似在我孕期時沾捻了與他合作的年輕女模特兒。我對於當初未知此事而選擇淨身出戶的自己感到有點惋惜，但已經沒有愛也沒有恨，我只慶幸此時此刻的自己是自由而幸福的，這就足夠了。

安宗先生在京都的甜品店開業了嗎？他的產業有受到疫情影響嗎？我沒有去關注這些事的後續。

去年的元宵節，許久未聯絡的安宗先生突然在ＩＧ上傳私訊給我，因爲他的動態回顧跳出好多年前，我們在通化街吃冰火湯圓的照片。

「好想念台灣的美食啊！」安宗先生如是說。

「原來那天是元宵節啊！請一定要再來台灣！我們再去吃！」我這樣回覆他，話題就結束了。

又一年過去了，我還是懷念著那種純粹的友誼、對食物的熱愛與有層次的味覺記憶。愛情會背叛你，美食不會。

第 93 道

台北的雨水

一念之間，我決定把手中的雨傘拋開，
闔起雙手捧著，
然後在屋簷下接滿了滴落的雨水，隨之一飲而下。
二十歲那年，我人生第一次嚐到台北市的雨水。
意外的是……味道居然是甘醇的。

都市小孩從小就被長輩告誡：淋雨會禿頭，酸雨不能碰，有毒。那個年代的城市孩子們總在過度保護自己的恐懼中成長，本該是天降甘霖的雨水和給糖的陌生人一樣可怕。台北的雨太多——眞的太多了……於是乎沒人喜歡下雨，萬物在陰濕的土壤中腐爛，改變現狀的勇氣與熱情也被沖淡而消逝。

要怎麼辨識誰是土生土長的台北人？很簡單：會覺得陰天就是好天氣、搭捷運不用看路線圖，對於未來沒多大規劃，日子過一天是一天。

外縣市的人對台北人有股敵意，覺得台北人冷漠又自私，但你對台北人說這個地方很爛，他們的回答總是：「對啦，隨便啦。」

大都市居民對自己的「家鄉」認同度極低，因爲在這環境長大，每個人都苦慣了。看不到地平線、看不到天際線，全身隨時都濕漉漉的，花上萬元租金也只能蝸居在頂樓加蓋的雅房，辛苦工作一輩子依然得不到好的生活品質，然後眼見鄰近富人區居民的舒適與鬆弛感，要跨越赤裸的貧富差距這座深谷，投胎遠比中樂透快得多。

即使環境再不適人居，台北市依然是六都中自殺死亡率最低的縣市。處於都市叢林中是生存、不是生活，久而久之這些「受害者」也逐漸接受了一切，甚至鍛鍊出無以倫比的抗壓力。唯有把自己分內的責任顧好、不過度關切別人才能促使群體和睦。所謂的自私與冷漠，其實是台北人最大的善良。

・・・

我的老家非常破舊，在台北市信義區吳興街，是棟五層樓高沒電梯的老公寓。壁癌、漏水是常態，生活品質很低，但這種「家」的型態對很多人來說再正常也不過。這裡的居民組成以過去四四南村的眷村家庭爲主，算是經濟能力中等也較有人情味的地方，左鄰右舍是熟識的，會互相關心，也會說彼此的閒話。

二〇〇三年的某一天下午，我潛伏進當時外婆的房間，拿出底片相機對著正在熟睡的她按下快門。我想拍下的不只是她，還有她所生活的地方，斑駁的牆壁、發霉的十字架……房內家人合照之中，也有人早早離世了。

我永遠記得拍下那張照片的同時，窗外依然下著小雨，思念、悲傷，甚至是快樂，都隨著有毒的雨滴被腐蝕。

「我會永遠被困在這裡嗎？」我一點都不想留下，現實是無奈的。

我總懷疑自己的母親有某種斯德哥爾摩症候群？這個城市並不友善，但她卻不想離開。

・・・

擔任沖印師的我，這一天傍晚到沖印店上班時，沖出了幾捲沒貼上任何標籤的黑白負片，成果很虛假、很做作，但不知道自己幹了什麼蠢事的感覺，事實上是新奇大過於可怕。每次沖洗自己拍攝的東西都有種新鮮感，我想那是我持續著一直拍照的原因，也是我決定開始寫日記的原因；我無法記清楚自己做過什麼事，長期吃鎮定劑會有這種副作用。我在日記中寫下了字句：每個人都一樣卑劣，都在用各種低下手段耽擱冗長無味的生命。

那夜散步回家的路上，行經還在建設中、鷹架外露的台北一〇一。一念之間，我決定把手中的雨傘拋開，闔起雙手捧著，然後在屋簷下接滿了滴落的雨水，隨之一飲而下。二十歲那年，我人生第一次嚐到台北市的雨水。

意外的是，這個曾令我厭惡透頂的液體，味道居然是甘醇的。

從小被告誡雨水有毒的我，一直以爲它應該帶有鐵鏽味、霉味，甚至某種酸臭味？結果卻完全不是如此。那個味覺記憶是一種純粹的味道，水，就是簡簡單單的水，或許這座城市並非如此腐化人心？

二〇二〇年，終於，我永遠離開了台北，但離開對我來說已經不是「逃離」，而是出於某種選擇。其實台北的雨後一樣有彩虹，只是被高樓大廈給遮蔽住了。

再見台北，再見。

第 94 道

古密蔬食的月亮蒸餃

招牌菜色月亮蒸餃讓我也讚不絕口：
白白胖胖的蒸餃內餡是手工切末的蔬菜、粉絲、香菇，
口感非常細緻高雅，美味度更勝鼎泰豐的香菇素餃！

到底為什麼會從出生、成長待了幾十年的台北市，搬家到無親無故的台南呢？算起來是關於母親的一則夢境結緣……

約莫十年前，母親的風濕痛久病不癒，於是她起了一個「退休後離開台北生活」的念頭，當然我是舉雙手贊成的！我在台北有嚴重的呼吸道過敏問題，而我的過敏原就是「高濕度」，既然不用固定地點上下班，何不搬家到氣候相對乾燥的地方？

當時她的目標是尋找一個：能看到海但離市區近、生活便利的平價物件，如果有海灘能踏浪、附近又有森林綠蔭更好，然後最好車程十分鐘內有百貨公司、大賣場……台灣有這種地方？

・・・

一日晚上，母親做了個夢，夢境很單純，就是一隻純白色的鳳凰在天上飛，還能望見美麗大海。

隔天她與大愛台素食節目的團隊一同南下到台南安平拍攝外景，途中行經過林默娘公園時，她感到非常驚訝，因為夢境中的那隻白色鳳凰就佇立在海港邊的廣闊綠地上！

「那是以前台灣燈會的雞年主燈鳳鳴玉山，現在暫時搬到這裡。」當地朋友見到她疑惑的神情，趕緊解釋了一下。母親這才說自己在夢境中見過這隻鳳凰，朋友也覺得不可思議……

之後在閒聊的過程中，她在慈濟工作的朋友提到正在看安平的新建案，因為能看到海、有慈濟園區、距離鬧區近，而房價卻相對合理。結果那次錄影後，母親就順便看了房子，一坪十幾萬，是台北人聽到下巴會掉下來的房價。

「妳覺得台南如何？」母親回家之後跟我討論。

「當然好啊！」本來就常到台南玩的我馬上贊成，我對於她會提到台南這個選項感到意外。研究了一下安平，我們又更驚訝了：這裡能看到海但離市區近、生活便利，漁光島有海灘能踏浪、又有森林綠蔭，然後車程十分鐘內有百貨公司、大賣場。

某天我們終於訂下了心儀的預售屋，算起來也已經是將近十年前的事情，要感謝那隻鳳凰。新屋落成後我們常來台南整理，我總事先詢問朋友安平哪裡有好吃的素食。宏恩的素食石頭火鍋很特別，先爆香炒料再下清甜帶有薑味的高湯，還有素料滷味、鍋燒意麵，但嚐過後那種傳統素食店的五香調味較不合母親胃口。

而安平另一間「古密蔬食」的手工菜色她很喜歡，尤其招牌菜色月亮蒸餃讓我也讚不絕口：白白胖胖的蒸餃內餡是手工切末的蔬菜、粉絲、香菇，口感非常細緻高雅，美味度更勝鼎泰豐的香菇素餃！連在素食選擇豐富很多的台北，我們也從沒吃過這麼好吃的蒸餃。蒸餃皮厚薄適中，飽足而不搶味，沾上甜味醬油、搭配細切的嫩薑絲，每個人都能吃完一大籠。

「這樣以後搬來安平，妳也有好吃的了！」我對母親說著。當時，我們一直以爲將來先搬來台南定居的人會是她。

・・・

二〇二〇年，從日本回台的我懷孕卽單親，對於未來獨身育兒的人生做出規劃。我告訴母親想離開台北，因爲我自己是嚴重過敏體質，而過敏原就是潮濕，我不希望小孩也成爲過敏兒。雖然許多台南人說安平也很潮濕，但安平的馬路上能看見兩種台北不可能出現的車輛：載運蚵仔的大卡車，還有灑水車。台北不需要灑水車，地面隨時都是濕漉漉的。

新冠疫情嚴重，我更確定自己想在人口沒那麼密集的海邊育兒。所以坐完月子就搭上高鐵島內移民去了，孩子的身分證是台南市政府簽發的D開頭，他是土生土長台南人。之後我幾乎再也沒回過台北了，母親則是來回兩地奔波。當初提出要搬到外縣市的人是她，但當這一天眞的到了，她才發覺沒勇氣完全搬離待了六十幾年的舒適圈。

對新手媽媽來說，一打一的日子不好過。卽使我不是素食者，也會去古密買份月亮蒸餃療癒自己，那讓我想起母親。又過了一些日子，台北的舊家因爲共同持有產權的親戚急需賣房，母親才遷居安平，然後我們一家三口在台南的故事就這麼開始了。

第

95

道

Bar Home的無酒精特調

一口喝下，蜜餞、花香、煙燻味……

招牌調酒該有的層次感一樣都沒少，

少了酒精的嗆辣感，卻能嚐到更豐富的味覺，

這杯特調帶給我的心理滿足度極高。

好多年前，我的人生目標篤定不生育下一代。我雖不至於「厭童」，但討厭嬰幼兒，他們是未被馴化的小猴崽，吵鬧無禮又赤裸裸地展現出人類劣根性，一點都算不上不可愛。另一個重要原因，如果懷孕就絕對不能飲酒，那我將度過成年以來人生最痛苦的時光！壓抑十個月，然後再經歷分娩的生命危險，最後得到一個來討債的小鬼……我是神經病嗎？

雖然到了適婚年齡總被不熟的長輩威脅：「不生小孩妳將來會有遺憾。」但我觀察到：喊著人生一大堆遺憾的，往往都有小孩。戒斷滋養靈魂的生命之水，生活還有什麼樂趣？我沒那麼偉大，也沒那麼有母愛。我喜歡旅行、探索各地的小酌文化，人生苦短，我只想嚐盡美好。

・・・

住在台北時會去幾間熟悉的酒吧，開始跑馬拉松後更常南下找跑團的朋友玩。自從造訪過台南的酒吧，我開始產生了比較心態；雖然每個人都有各自喜歡的風格，但對我來說台南的整體感比較有做到滿，而那不是「做出來」的。具鬆弛感的高品質生活帶有濃濃傳統元素，每個人都對當地文化歷史感到自豪。台南年輕人與在地情感的高連結度令我聯想起日本古城人民，當然同樣的氛圍在酒吧內也能感受到。

說台南人高傲嗎？骨子裡應該是的，但表現隱晦多了。對於善於「讀空氣」功夫、察言觀色的我，每當來到台南總是表現得畢恭畢敬，就是不想觸犯到當地人的界線。

如果說TCRC酒吧有股「帥氣」，那Bar Home是具「安定感」且細節精緻的餐酒館，招牌調酒充滿詼諧的台南元素，蜜餞、花香、煙燻味……料理也同樣令人驚豔；我喜歡他們的台客炸雞，外酥內多汁的台式炸雞排居然能做到這種完美水準。我自己來，還帶母親來過好幾次，前夫更是曾數度醉倒在他們店門口——造成店家困擾眞是不好意思。

台南這座城市對我來說，就是個與酒精劃上等號的觀光訪友地，總是來個兩天一夜，然後再不情願地帶著宿醉搭上高鐵、回到陰雨綿綿的台北面對現實。

・・・

生命中有好幾年都在旅行與飲酒中度過，度過了一段很愜意的日子，誰能預想得到之後一切都將改變呢？二〇二〇年，當全世界其他國家都在跟新冠病毒抗衡，封城、鎖國，人人足不出戶，只有台灣彷彿處在另一個平行時空，酒照喝、舞照跳，被保護得很好的人們繼續歡笑。我帶著身孕回到台灣，大肚腩把我這位「不婚不生主義者」的臉打得好腫。

一天與母親來到台南訪友，晚上還是順道去了Bar Home，服務生看到我的肚子，親切而主動地說：「我們有無酒精特調喔！」

我點了無酒精特調，看著母親在享受她那杯花香味威士忌的滿足表情……唉，我根本懶得計算自己還得禁酒多久，一切都是自找的。然後無酒精特調上桌了，但跟我想像中的完全不一樣！

用精緻玻璃杯盛裝，上頭還有果乾等裝飾，液體色澤帶有漸層感，一口喝下，蜜餞、花香、煙燻味……招牌調酒該有的層次感一樣都沒少，少了酒精的嗆辣感，卻能嚐到更豐富的味覺，這杯特調帶給我的心理滿足度極高。我對於一間酒吧能如此重視無酒精飲品感到詫異，當不喝酒之後，才證實了台南人對於味覺的細節有多刁鑽。

此時，我見到 Bar Home 的老闆娘出現在店裡，而她的肚子竟然和我差不多大！

「妳的預產期是什麼時候？」我問她。

「在八月X日。」她回答，跟我的預產期只差一週！

「不能喝酒很痛苦吧？」我相信她會懂。

「我快瘋掉了！」我聽到她真摯的回答笑翻了，別人能想像我們這種原本是酒鬼的媽媽有多偉大嗎？

之後我回到台北待產、生產、坐月子，輾轉得知 Bar Home 老闆娘的小孩跟我小孩的出生日期只差了兩天。

又再度回到 Bar Home，是我已經帶著寶寶移居台南了，這個像家一樣的餐酒館依然有販售好喝的無酒精特調，但卻多了兒童的減糖版本，菜單還加上兒童餐；之後，廁所甚至設置了兒童馬桶座墊。

戒斷滋養靈魂的生命之水，生活還有什麼樂趣？有，樂趣太多了！當了媽媽之後我依然可以旅行、可以嚐盡美好，還多了個伴。所謂的「失去」與「遺憾」，其實是人性吧？跟生活方式沒有任何關係。一杯失去酒精的調酒，並沒有讓我感到遺憾。

第96道

Maki做的甜甜圈

油炸的甜甜圈居然絲毫沒有油膩感，口感近似蓬鬆而發酵均勻的麵包體，味道跟她的爲人一樣，質樸、細膩，有一點吹毛求疵但柔軟而溫柔。糖粉沾在嘴唇邊，我舔了一口，然後眼角泛淚……

多年前的旅日期間，我曾逃家過。

「我今晚把行李搬到妳家喔……謝謝妳……有需要被子跟枕頭嗎？」

「不用啦！我有宜得利一套的那種床鋪！那我把鑰匙放在信箱裡喔！」Maki 用 LINE 回覆了我，然後她就趕著去上班了。

那天傍晚我氣呼呼地把私人物品全部打包好，然後拖著兩大箱行李搭上電車……原因是我完全不想跟爭執中的前夫見面，但距離我預定回台灣的班機卻還有好幾天，於是打算暫住 Maki 家。

她的租屋處在上目黑，從中目黑車站步行過去得花上一點時間，途中會經過當時剛啟用的中目黑高架下商場，就是東急東橫線旁高架橋下改建而成的營業空間，蔦屋書店、咖啡店、關東煮居酒屋……每間店都帶有時尚而隨興的氛圍，可以理解 Maki 爲什麼甘願每天花那麼久時間去上野通勤，也堅持要住在這裡。

在中目黑能吃到東京最棒的新餐廳，治安良好、生活機能便利、物價也不算高，只要騎腳踏車就能到鄰近的渋谷、惠比壽、自由之丘。春天微風吹拂枝葉搖曳，櫻花一瓣瓣飄落到河面上，將整條目黑川渲染成淡雅而不落俗套的粉紅色。

目黑區居民總散發出一股人生勝利組的氣息，穿著入時簡樸，說起話來也輕聲細語，感覺就像不食人間煙火、不需爲五斗米折腰的高品味人士。除了能常看到木村拓哉一家在遛狗，目黑區還有好幾間大型演藝經紀公司，連日本皇后雅子的娘家都在目黑區。

但 Maki 不是不愁吃穿的大小姐，她是個爲了夢想而努力中的台南女兒，雖然當時的她也不太清楚確切的人生目標是什麼，生活在自己最喜歡的日本東京，就算辛苦、就算不知道終點在哪裡，至少這條道路是被陽光照耀著的，看不到泥濘。

而我自從決定赴日與前夫同居的那一刻開始，就不自覺地陷入泥濘了。

因爲同爲在日台灣人朋友涼子的介紹，我才認識 Maki，她過去曾在台北的潮流雜誌擔任編輯，與我有很多共同生活圈的朋友，所以一見如故。從此之後，她便經歷了我在日本期間所有的悲傷與喜悅、憤怒與失望……感謝她一直緊緊拉著灰頭土臉的我。

「妳想一直待在日本嗎？」我問 Maki。

「想啊……可是這個工作眞的太辛苦。我還是比較想做甜甜圈，但沒辦法處理簽證……」

我們兩個三十幾歲的輕熟女帶著大素顏、穿著睡衣在小小的客廳席地而坐，一邊喝著便利商店買的塑膠瓶裝紅酒跟下酒菜，一邊討論未來的事情。我跟這個情緒陰晴不定的男人可能走不下去了，但也沒勇氣回台灣展開新生活。Maki 以前曾在東京的甜甜圈名店工作，習得一手好功夫，但爲了簽證得在大集團旗下的咖啡廳上班，而那家公司在日本餐飲界是出名的血汗。

繼續待在日本有意義嗎？我們兩個在心中打上了巨大的問號，但我們眞的好喜歡這裡。

「回台灣就買不到這麼便宜又好喝的紅酒了，便利商店還有醃生大蒜下酒菜……」

我感嘆地說道，又喝了一口隨意裝在馬克杯中的紅酒。

「對啊！而且日本的大蒜吃了嘴巴不會臭！爲什麼？」Maki 用一貫高亢的嗓音喊著。

帶著微醺感的兩人在東京的夜晚笑成一團。

・・・

二〇一九年底，電視新聞播報著中國武漢封城、急診室擠滿人的影片，但我們卻沒感受到太大的恐懼與緊張氛圍，直到我的驗孕棒出現了兩條線……劇情才急轉直下。

翌年農曆春節前，Maki 決定辭掉當時的咖啡店工作，我是舉雙手贊成的，因爲那眞的太累，勞工待遇也不合理。她打算先回台灣休息一陣子，再來日本找新工作，所以帶著少少的行李、幾件薄衣服搭上飛機去了。

三月分，日本資深藝人志村健因爲肺炎猝逝、東京奧運宣布延期，社會逐漸失控，買不到口罩、買不到衛生紙，我更是無法在日本的醫院做產檢……當我下定決心回台灣的那刻，日本政府宣布封鎖邊境；是的，這次回台灣，就不知道何時才能再度踏上日本。

「我的東西怎麼辦？」Maki 在電話那頭大叫，她放在上目黑租屋處的私人物品、衣服、家具……甚至銀行戶頭中的存款都留在日本，當然那房子也還沒解約。

「妳再等等吧？可能還是有方法來日本？畢竟妳有在留卡啊……」

就在同時，我搭上從羽田飛往台北松山機場的ＡＮＡ班機，準備進行十四天的強制居家隔離。

又一段時間過去，Maki 放棄赴日了，畢竟那時候就算到日本也找不到工作，餐飲業完全停擺。她委請在日本的朋友處理租屋契約與物品，然後在老家台南展開新生活。並非毫無懸念，而是萬不得已，但既然命運走到了這一步，就把它好好走下去。於是她在朋友們的鼓勵之下開了自己的甜甜圈店「Maki doughnut」，研發了獨家口味，麥粉還是用日本的、糖粉還是用日本的，每一個味道細節都像在懷念當初曾帶給我們感動與歷練的事物、目黑川的氣息。

・・・

剛坐完月子的我抱著孩子移居台南，驚覺自己新家居然離 Maki 家那麼近！緣分也太不可思議。那時我才第一次吃到她的手做甜甜圈，油炸的甜甜圈居然絲毫沒有油膩感，口感近似蓬鬆而發酵均勻的麵包體，味道跟她的爲人一樣，質樸、細膩，有一點吹毛求疵但柔軟而溫柔。糖粉沾在嘴唇邊，我舔了一口，然後眼角泛淚……

原來這些年我們經歷了那麼多，最後嚐到的，是甜。無論在台南還是東京，未來的日子，也要好好走下去。

第97道

晨間廚房的炒泡麵

我點了蛋餅、鮮奶茶……

咦？居然有「台式炒泡麵」，那當然也要試試看……

有用模具煎出的圓形荷包蛋、高麗菜，

還有我本身有點反感的現成日式火鍋料。

我對於辨別人性的直覺極強烈，而契機總是出於微不足道的小事件，往往準確到連自己都嚇一跳。這幾年發生的案例是關於一位網紅，那位醫師網紅曾呼風喚雨，發言直白嗆辣、政治立場鮮明是他的風格，但也常分享育兒文展現柔軟、好爸爸的一面，因此有大批死忠的支持者，開團購賣產品的收入早就高過醫師本業。

他的太太也在經營粉專，除了夫唱婦隨與丈夫一起評論時事之外，還鑽研台灣南部的在地美食，爲夫妻倆另外塑造了美食家身分。我對於美食有興趣，也想學習成功的商業發文模式，雖然對於那種太過強勢的態度有點反感，但還是持續追蹤他們。直到某天，有一篇文章讓我在意了很久。

「晨間廚房的炒泡麵眞是好吃。」網紅醫生爲照片下了註解。

他們夫妻倆不太輕易說某間店「好吃」，除非那是間會被人讚揚是懂得「巷子內」美食的隱藏名店。曾有網友評論他們介紹的店家不如預期，就被他們公開狂罵了一頓，也因此他們非常重視自己所有關於食評的言論，能看得出來他們完全不接餐廳的業配文工作，就是要樹立內行形象。

確實在此之前，我認同他們對於台灣料理很在行，但我起疑的點是，晨間廚房的炒泡麵不該是他們發文讚揚的品項。

⋯

我是一個早餐不吃西式食物的人，如果走進連鎖早餐店一定會先看有沒有中式餐點：鐵板麵、蘿蔔糕、蛋餅……南部甚至有很多連鎖早餐店販售美味的鍋燒意麵。

晨間廚房來自屏東，在南台灣有很多分店。記得第一次造訪我家附近的晨間廚房時，我點了蛋餅、鮮奶茶……咦？居然有「台式炒泡麵」，那當然也要試試看！

首先蛋餅上來了，令我感到意外的是，他們家的蛋餅居然是古早味粉漿蛋餅！粉漿蛋餅口感軟Q，越嚼越香，飽足度也比較高，如果偏好酥脆口感的人或許會覺得不合味，但對於我來說是驚喜的，因爲這不同於其他連鎖早餐店，而且醬汁也特別。鮮奶茶也一併上桌了，沒什麼意外，就是好喝，不過甜、不澀，令人滿意。

最後炒泡麵上桌，與菜單上的照片無異，有用模具煎出的圓形荷包蛋、高麗菜，還有我本身有點反感的現成日式火鍋料。在台南吃鍋燒意麵時我也總是挑選不加火鍋料、而是炸麩或鮮魚料的店家，或許是爲了我這種顧客吧？晨間廚房在點餐時可以選擇要不要加火鍋料，但不加也就是少了一些東西。除此之外，上頭還有與其他菜單品項共用的燻雞、燒肉，泡麵的調味很單純，是我自己在家裡能做出的味道。

雖然不錯，但我吃過太多更美味的炒泡麵了，包括其他連鎖早餐店，例如嘉義的早安山丘，他們的炒泡麵有香氣四溢的油蔥味。我喜歡晨間廚房，但炒泡麵絕對不是他們的首選品項，我也不會在觸及度高達百萬人的粉專上發文讚賞。而且我相信那不是業配，是某種「露餡」。

・・・

那位醫師在開團賣溫度計，當時我的小孩正處於免疫力訓練期的年紀、動不動就發燒，溫度計是必備的，而專業人士推薦的產品應該很有說服力，但奇怪的是，就因爲一篇「晨間廚房的炒泡麵眞是好吃」的配圖文，我對這位網紅產生了莫名的懷疑，也因此我沒有下單。

過了段時間之後，一切都崩盤了……有消費者表示跟他團購的溫度計是瑕疵品，差點延誤高燒不退的小孩就醫。然後就接著有其他網紅爆料他的一切人設都是造假的，包括根本早就知道產品有問題、上班造假等等，事件鬧得很大很大，網紅夫妻也把帳號刪除了。

要是我的小孩被延誤病情怎麼辦?身爲媽媽，我認爲這是無法饒恕的過錯，謝謝晨間廚房的炒泡麵救了我。之後我常常去晨間廚房吃早餐，但麻辣炒泡麵或湯麵的麻辣燙細麵更好吃，推薦給早餐能接受辣味的人。

第98道

屏東麟洛的薑絲炒大腸

客家庄薑絲炒大腸的美味程度令人印象深刻……傳統的客家做法用的不是普通白醋，而是醋酸精，然後配上極細的嫩薑絲、Q彈去油的豬大腸，再加上黃豆醬、米酒拌炒，爆香鑊氣十足！

除了學校教的「恁仔細」之外，我會說的第一句客家話是「薑絲炒大腸」，可能因爲「想吃到道地的薑絲炒大腸」是讓我度過客語課的唯一信念吧？

客家話實在太難了！上客語課的日子我每天都在作惡夢，夢境內容不外乎：導演突然要加一句客語台詞，我卻忘記怎麼說了。

二〇一三年我接演了一檔客家電視台的戲劇《南風。六堆——樂土》，曾以《桂花釀》入圍多項金鐘獎的導演黃金鶯，融入客家的傳統信仰與盤花，創造獨屬於麟洛的故事。而我這個完全沒有接觸過客家文化的台北女孩，就這麼因緣際會地接下女主角的工作，也因此拜讀了這齣美麗的劇本。

現在的屏東「六堆」是對於台灣南部客家聚落區域的稱呼，其中包括鄰近屏東市的麟洛。麟洛「linˇ log」這句南四縣腔我當時練了好久好久，還有旁邊的無人車站歸來「kui-lòi」……

我有一句台詞是用客語這麼說的：「每當搭火車經過歸來的時候，我就知道自己快回家了。」

投入角色的後座力很強，這十幾年來，我一直對這塊土地有特殊的情感。

⋯

我飾演一位自幼沒有雙親愛護的少女，在離開人世後，靈魂卻展開了一段新的旅程，遇見一名英國士兵的古老靈魂，最後她終於了解自己的身世並重新擁抱親情、回到家鄉「麟洛」尋根。全客語劇本，而零客語基礎的我就用注音和英文標在劇本上硬背，連我自己都不知道自己在唸什麼。

客語老師開玩笑說：「妳是不是得罪了導演或編劇，才給妳那麼多台詞？」

「老師救救我吧！」

「嗯……就從妳喜歡的東西開始學吧？妳喜歡什麼客家菜？」

「我喜歡薑絲炒大腸！」

「好，那就先學 zu cong cau giong xi丶豬腸炒薑絲！」

・・・

後來我在屏東市區跟麟洛住了一段時間拍攝，嚐到了夢寐以求的滋味。

客家庄薑絲炒大腸的美味程度令人印象深刻：首先那醋酸味是極刺激的！傳統的客家做法用的不是普通白醋，而是醋酸精，然後配上極細的嫩薑絲、Q彈去油的豬大腸，再加上黃豆醬、米酒拌炒，爆香鑊氣十足！有些人會加酸菜跟糖平衡口感，也有人會加醬油，但我喜歡純粹的薑絲與大腸。

現在因為食安與健康觀念很少人在用合成醋精了，用的是一般工研醋，就沒有那股酸勁。離開客家庄後吃的薑絲炒大腸都不對味，對我來說這是一道給人當頭棒喝的個性料理，像客家人的民族性，文雅中帶有嗆辣與不妥協。

回想起來，為了完成這個角色，我曾在麟洛唱歌、躺在大雨中的墳墓上、曝曬在屏東的烈日下……但所有的汗水都與豐厚的味覺記憶結合在一起，那是在我生命中有過特殊緣分的地方。

第 99 道

安平傳家鹹粥的半熟荷包蛋肉燥飯

澆汁甜而不膩、黏嘴唇而不油的肉燥飯，
現煎的半熟荷包蛋，
蛋白邊緣微焦薄脆，蛋黃還是流心狀，
再撒上台南肉燥飯必備的白胡椒，
稍微攪拌後一湯匙送入口中⋯⋯「謝謝台南。」我衷心地感謝。

定居台南之後，常去吃的早餐小吃店「傳家鹹粥」被入選米其林指南了，店家定價很佛心，入選米其林後擔心人多了會漲價也影響他們的品質。

記得初來到無親無故的台南定居時，因為南北文化與人情差異，也曾熬過一段「水土不服」的日子，後來是早晨的小吃為我帶來了救贖。當時我頻頻在網路上分享台南美食帶給我的感動，獲得滿大的迴響。我寫出店家資訊是為了表達感謝之意，希望盡自己的社群力量為他們帶來更多客源，並非業配，但卻發覺情況變得有點失控……

突然間，我的社群網站開始湧入一些非粉絲的台南年輕人帳號，批評被我推薦店家的衛生問題、美味度、甚至老闆私德，我直覺那就是同業惡鬥的打手，為了保護我愛的店家，我決定往後再也不標註店家資訊。

那時我覺得有點難過，台南人是不是跟我所想的有點不同？

某日早上，我把小孩送上學後又騎著車去吃傳家鹹粥，雖然店名是「鹹粥」，但我總無法抗拒那碗澆汁甜而不膩、黏嘴唇而不油的二十元肉燥飯，再加個十五元就有現煎的半熟荷包蛋，蛋白邊緣微焦薄脆，蛋黃還是流心狀，再撒上台南肉燥飯必備的白胡椒，稍微攪拌後一湯匙送入口中……

「謝謝台南。」我衷心地感謝。

小碗飯分量就不少，我也沒忘了點個二十元的油條湯，油條湯在北部很少見，喝的是魚骨湯頭的直球勝負，基本上在台南敢賣油條湯的店家都很自豪於自己的高湯。

就在我依然陶醉於鮮甜油脂與澱粉糊化後的美味之際，突然之間，老闆娘端了一盤魚肚上來。

「請妳吃！」

滷虱目魚肚要價一百元，是整間店唯一會動用到鈔票的菜色，老闆娘這可是大禮！當我正驚喜地準備拿起手機拍照的時候，老闆娘又對著我竊竊私語：

「妳就惦惦仔呷……」

她露出微笑，揮揮手示意我不用拍照。

我抬起頭對著老闆娘小聲地說了一句：「謝謝。」

老闆娘：「我才要謝謝妳，謝謝妳來住台南，妳的文章把安平寫得好美。」

原來台南人還是跟我想像中的一樣，我喜歡這個地方。

・・・

我永遠無法成爲「美食家」，我是一個極不理性的食客，對我來說所有味覺記憶都跟用餐當下的心情、狀態與環境連結在一起。即使料理並不美味，但味覺帶來的五感刺激卻是開啟我記憶庫的鑰匙，任何酸甜苦辣鹹鮮都能使我回想起事件當下的情緒——而回憶是自我療癒流程中很重要的一環。你唯有重新經歷過去客觀的五感，才能跳脫框架、換位思考，然後找到情緒糾結的出口。

這就是爲什麼我要撰寫這系列的一百篇文章，我要以敘事者的身分與過去的人生滋味說聲謝謝，然後道別。

米其林指南的評鑑人員只管好不好吃、口味夠不夠大衆、店家是否友善，雖然口袋名單偶爾會與評選搭上，但那對我來說並不具參考價值。參考食評不是我在台南吃飯的方式。往後，也是恬恬著吃。

第100道

歐陽靖的最後一餐素水餃

隔天，藥效退散，
開陽破肚的疼痛與麻醉後遺症襲來，
人生的考驗就這麼開始，
產後憂鬱的情緒也讓我跌落到谷底……
之後我才知道，那十顆水餃是歐陽靖的最後一餐。

三十六週的產檢超音波照完，執業數十年的老醫師說：「他已經長好了。」

嗯……這個意思是，寶寶隨時會出來嗎？

醫生說是，他什麼都長好了，隨時想出來就可以出來。但聽人家說頭一胎通常會足月，所以應該還沒那麼快吧？

我的肚子奇大無比，連婦產科護理師看到都以爲是雙胞胎，但我生活一切正常，甚至不需要用使用托腹帶也能到處跑來跑去。孕期沒有孕吐、沒有任何不適、腿部水腫也不算嚴重，雖然後期因爲肚子眞的太大無法躺平入睡，但那幾個月過的日子就是吃飽睡、睡飽吃，無憂無慮。

逐漸失控的新冠疫情、與前夫的跨國離婚官司、對於新生命將到來的不確定感……我不在意，我只覺得睡眠品質滿分好幸福。當時似乎沒有任何事情可以造成我的負面情緒和緊張感，精神抵抗力如有神功護體。

回台灣後，我在推廣溫柔生產的「慧瑜珈」上了幾個月的孕婦瑜伽課，老師給我做足了生產功課，臨盆前將遇到的狀況大概都搞清楚了，接下來就是平靜地等待孩子選擇的那天到來。

・・・

二〇二〇年八月的一夜，我在床鋪上用七八個枕頭堆疊成舒適的三十度角，開了強勁的冷氣後就半躺半坐地入睡。凌晨一陣尿意襲來，正當我緩慢地起身想走去如廁時……咕溜……好像有什麼東西滑出來了？

我慢慢走到廁所一看，是一坨像草莓果凍的東西！記得瑜伽老師有說過這是「產兆」，應該今天就會生產了！但天還沒亮……再睡一下吧？

於是神經大條的孕婦又躺回床上，還睡著了，睡到隔天快中午才起床。

「我覺得今天就會生了，等下去醫院門診吧！」我對母親說。

「喔？是嗎？那妳要先吃午餐嗎？」

「要啊！妳幫我煮十顆素水餃好了，不然生小孩不知道要生多久，應該會太餓？」

那素水餃是我們吳興街284巷內的無名水餃店包的，有嚼勁的純手工水餃皮是眷村阿姨自己擀的，內餡爲簡單的高麗菜絲、冬粉、豆乾絲，純粹而沒有多餘調味。因爲青菜在事前川燙的處理紮實，卽使少了肉類蛋白質的黏性與油脂，口感卻依然不會鬆散，是我跟母親至今吃過最美味的素食餃子。

「那個阿姨說她不想包素的了，不好包太麻煩，買的人又少。」母親這樣說。

我覺得很可惜，但也沒辦法。懷抱著感恩的心夾起餃子，沾上一點麻油、醋、醬油，沒一會兒十顆水餃就下肚了，飽足而毫無負擔，腸胃非常舒服。

收拾好生產包，我們便有說有笑地搭上計程車前往醫院。一抵達門診，才剛進入診間……嘩啦！我大破水了！然後就迅速地躺上擔架床被送進產房……

・・・

在產房待了一段時間，絲毫沒有陣痛的感覺，儀器卻檢測到我的子宮正在劇烈收縮；又過了好久，還是完全沒有陣痛，到底是怎麼回事？但我連一丁點的緊張感都沒有。醫生詢問我剖腹意願，他問我：「有空腹十二個小時嗎？」

「我中午吃了十顆素水餃……」說完自己笑了出來。

醫護都覺得有點傻眼，怎麼會有頭一胎的孕婦都已經出現產兆了，還不慌不忙地在家吃水餃？

最後，我在半身麻醉的狀況下完成剖腹生產，完全沒有不安、完全沒有緊張、完全沒有疼痛。第一次聽到新醬嚎啕大哭的聲音，我笑了出來，因為實在太難聽了。後來看到他的臉，嗯，長得有點像日本茨城的不良少年，好了好了，可抱走了。

在等待縫合的過程中，我心裡還一直在想：好險有先吃美味的水餃，不然會很餓吧？

・・・

隔天，藥效退散，開腸破肚的疼痛與麻醉後遺症襲來，人生的考驗就這麼開始，產後憂鬱的情緒也讓我跌落到谷底……之後我才知道，那十顆水餃是歐陽靖的最後一餐。

往後的我再也不是歐陽靖，而是新醬的母親，一個肩負重任的單親媽媽。接下來的好大一段日子，吃什麼都食不知味，再也沒有深深的睡眠，再也沒有喘息與笑容，但這一切總會過去的，我創造了另一個生命的開始，在我人生的三十七年之後，將是另一個故事。

以前曾經思考過：人生的最後一餐，要吃什麼呢？這個答案唯有活下去才會知道，酸甜苦辣鹹鮮，食物就是因爲有層次才美味，生命也是。

歐陽靖·味覺與記憶：敬我生命中的 100 種味道／
歐陽靖著--初版--臺北市：時報文化出版企業股
份有限公司，2025.05
408 面；17×22 公分--（People 叢書；546）
ISBN 978-626-419-410-5（平裝）

1. CST：飲食　2.CST：文集
427.07　　　114004052

PEOPLE　叢書 546

歐陽靖·味覺與記憶：敬我生命中的 100 種味道

作者－歐陽靖　編輯協力－陳詩韻　校對－簡淑媛　插畫－陳宛昀　美術設計－誠美作、平面室　贈品設計－陳宛昀、誠美作、平面室　贈品製作－UNIVERS DRINK傑順國際　行銷企劃－鄭家謙　副總編輯－王建偉　董事長－趙政岷　出版者－時報文化出版企業股份有限公司：108019 台北市和平西路三段 240 號 4 樓｜發行專線－（02）2306-6842｜讀者服務專線－ 0800-231-705 /（02）2304-7103　讀者服務傳真－（02）2304-6858　郵撥－ 19344724 時報文化出版公司　信箱－10899 台北華江橋郵局第 99 信箱

時報悅讀網－http://www.readingtimes.com.tw　電子郵件信箱－ ctliving@readingtimes.com.tw
藝術設計線 FB－http://www.facebook.com/art.design.readingtimes · IG－art_design_readingtimes

法律顧問－理律法律事務所　陳長文律師、李念祖律師
印刷－勁達印刷有限公司　初版一刷－ 2025 年 5 月 2 日　初版二刷－ 2025 年 5 月 12 日
定價－新台幣 480 元

ISBN 978-626-419-410-5
Printed in Taiwan

時報文化出版公司成立於一九七五年，並於一九九九年股票上櫃公開發行，
於二〇〇八年脫離中時集團非屬旺中，以「尊重智慧與創意的文化事業」爲信念。

FOUR PILLARS
BLOODY
SHIRAZ GIN

VOODOO
DOUGHNUT
GOOD THINGS COME IN PINK BOXES.

RECORDS
TOWER RECORDS
TOWER RECORDS